河出文庫

偉人たちのあんまりな死に方

ツタンカーメンからアインシュタインまで

ジョージア・ブラッグ
梶山あゆみ 訳

河出書房新社

目次

偉人たちのあんまりな死に方

ツタンカーメンからアインシュタインまで

はじめに

※警告——血なまぐさい話が苦手なら、この本を読んではいけない

……なぜなら、本書には人間の血と汗とはらわたが出てくるからだ。これは、歴史上のとりわけ有名な人たちがどのように亡くなったかという、本当にあった物語である。

コロンブスやワシントンやベートーヴェンが具体的にどうやって命を落としたかなんて、たいていの人は知らないだろう。これまでに読んだ本は全部その部分を飛ばしていたはずだ。それもそのはず、病気になるのも死んでいくのも少しもきれいなものではなく、じつにめちゃくちゃで、何よりひどく悲しいからである。

誰についてもいい話というのは書けそうなものなのに、この本に並んでいるのは悪いことばかり。泣きたくなるところや、腹が立つほど馬鹿げたところ、身の毛のよだつところもある。ひと言でいえば、事故を起こした列車の残骸が次から次へと登場するようなものだ。でも、列車の残骸から目を背けられる人がいるだろうか。

体が爆発する、剣で刺される、のどの炎症や毒にやられる。最期のかたちはいろいろでも、そこにはかならず原因があり、原因をつくった人がいる。今の私たちから見ると、昔の人はたしかにずいぶんおかしなことをした。しかし、そういった話は間違いなく書く値打ちのあるものなのだ。

本書で取りあげる人たちはとうに世を去っているとはいえ、最後の日々について読むのはけっして気持ちのいいものではないだろう。だが同時に、それぞれの物語には強く心を惹かれるはずだ。そして、痛み止めやX線や、石けんや救急車のある時代に生まれて、本当によかったと思うに違いない。

でも、わからないではないか？　未来の人が私たちの時代をふり返ったら、「一体全体あいつらは何を考えていたんだ？」と呆れるかもしれないのだ。だから自分を大事にし、世界を大事にし、すべての人を大事にしておくにこしたことはない。それから最後にもう一度。血なまぐさい話が苦手なら、この本を読んではいけない。

第1章

ツタンカーメン
ミイラになって輪切りにされた少年王

古代エジプトの王
生-紀元前1342年ごろ、エジプト
没-紀元前1323年ごろ、エジプト、享年19

ツタンカーメン王は、生前の行ないよりも死体となったことのほうでよく知られている。長らくその存在はエジプト史のなかでも目立たないものだった。ところが一九二二年、巨大な石棺に眠る王のミイラが三〇〇〇年の時を経て発見される。探検家たちは墓に押しいり、黄金でできた副葬品をすべてもち去った。しかもそれは大量にあった。ツタンカーメンが死後の世界でも王になろうともくろんでいたのは間違いない。よもや自分がメスを入れられ、輪切りにされ、手足をもがれ、X線やCTスキャンにかけられ、穴をあけられてDNAを調べられることになろうとは、夢にも思わなかっただろう。

古代エジプトの象形文字であるヒエログリフでツタンカーメンを表すときには、一羽の鳥、二本の鉤《かぎ》、一個の櫛《くし》、一本の矢、一本のサンダルひも、二個の半月のようなもの、といった絵を並べる。それに比べて現代の「ツタンカーメン」という文字は味気ない。ツタンカーメンは少年王とも呼ばれる。即位したのは九歳のとき。アンケセナーメンと結婚したのはわずか一〇歳である。じつはふたりは腹違いのきょうだいだった。今なら許されないことだが、昔だからなんの問題もない。ツタンカーメンはエジプトを統治するだけでなく、二輪戦車に乗ったり、ブーメランを投げたり、投石ひも（手で握れる程度の石を遠くへ投げるためのひも状の道具）で石を飛ばしたりといった、普通の子どもがやるようなこともした。

そして、あっというまに一生を終えた。

死んでもそれでおしまいではない。古代エジプト人は死後の生命を信じていたので、第二の人生に向けてファラオの遺体を整えてやる必要がある。そこで、ミイラにするための処置が七〇日間にわたって行なわれた。

死後の人生に旅する途中で体を腐らせないようにするには、中身をすっかり空《から》にしなくてはならない。まずは脳をとり出すため、先の曲がった青銅製の長い針を鼻の穴から差しこむ。これで一度に少しずつ脳をかき出した。古代エジプトでは物事を考えるのは心臓だと信じられていて、脳の役目はただ両耳を左右に分けておくことだけだと思われていたのである。

歯や爪や目玉はそのままにしておく。心臓も残しておいた。死後も物を考えるのに必要だからである。性器にも手をつけなかった。誰かにツタンカーメン女王だと勘違いされては困るではないか。

それから腹を切りさき、手当たりしだいに何から何までつかみ出す。肝臓、胃、肺、七メートル近い腸。すべてきれいに洗い、乾かして、カノポスと呼ばれる四つの壺に納めた。これも王と一緒に死後の世界に旅立つ。

変わりはてたファラオの亡骸《なきがら》にはナトロンと呼ばれる粉（天然の炭酸塩の一種で吸水性がある）をまんべんなくまぶし、台の上に寝かせる。台は傾いていて、溝が何本も走っているので、体から出た液体は溝を伝って足元の桶《おけ》に溜まる。こうして完全に乾燥させるわけだが、なにしろ人体は四分の三近くが水分でできているので容易なことではない。死体の内側にも布を詰めて汁気を吸いとる。したたった血、布、何かしら残った体の一部は、すべて大きな壺にしまわれ、次の素敵な冒険に向けてツタンカーメンのお供をする。

ここまでくると、遺体には得《え》もいわれぬ「硬さ」と「におい」が現れている。香りをよくして触感を人間ジャーキーから遠ざけるために、乳香が塗られた。

次はツタンカーメンをいかにもミイラらしく仕上げる作業である。あとには儀式が控え、神官が王を立たせて葡萄《ぶどう》などを捧げる。そのあいだに体が崩れないよう、面積にしてフットボール場半個分の包帯を全身に巻きつけた。巻きながら、死者の幸運を願って一四三個の護符もはさみこんでいく。また、包帯がほどけないように、温めた樹脂を全体に塗ってしっかりと固める。

そうこうするあいだ、召使たちはファラオがもっていくにふさわしい品々を王宮から運んだ。玉座二脚、投石ひも二本、蜂蜜二壺、二輪戦車六台、黄金の像三〇体、模型の舟三五艘《そう》、杖一三〇本、矢四二七本、それからたくさんのサンダル。

当時はすでに二〇〇〇年ものあいだ、王が死んでもピラミッドをつくらなくなっていた。墓荒らしがピラミッドをひとつ残らず襲って、すべてをもち去っていたからである。ミイラもだ。古代エジプトの歴史のみなもとが奪われたといってもいい。

だからツタンカーメンにもピラミッドは建てず、「王家の谷」と呼ばれる砂漠のまんなかに墓を隠した。

王はその地で誰にも邪魔されず三〇〇〇年のあいだ眠りつづける。

一九二二年、王家の谷を二〇年間発掘してきたイギリス人のハワード・カーターが、大量の砂の下にツタンカーメンの墓を見つけた。荒らされた形跡はほとんどない。カーターはその後一〇年かけて王の副葬品をより分け、世界中の博物館に配った。エジプト人たちはこの男にいった。「とっとと国へ帰れ」

だが、帰る前にカーターと発掘チームは王の「検死解剖」をしようと思いたつ。これは言葉でいうほどたやすいことではない。ミイラは棺《ひつぎ》の底に張りついていたし、かの有名な黄金のマスクも頭部にくっついている。それでもカーターたちはどうにか当たりをつけ、死んだときの王は十代の若者だったのではないかと考えた。親知らずがまだ全部生えそろっていなかったし、足の骨も発達が十分ではなかったからである。

ツタンカーメンは石棺に戻され、ふたたび王家の谷で四〇年ほどの眠りについた。

一九六八年、イギリスの専門家チームが王の死因を突きとめようと、ミイラをX線で検査した。すると、胸骨と性器、片方の手の親指、それから肋骨が何本かないのに気づく。脊椎骨の癒合《ゆごう》や頭蓋骨の変形も認められた。チームはこうしたデータをつなぎ合わせ、死因を次のように発表する。「ツタンカーメン王は殺された！」

歴史家は殺害説を受けいれ、その説に合うようにいろいろなことを解釈した。エジプト学に新たな視点がもたらされ、歴史書は書きかえられ、博物館の展示も変更された。

ツタンカーメンはまた墓に戻されたが、一〇年後の一九七八年にまたもや棺からとり出される。王は相変わらず死んでいた。アメリカの研究チームがX線写真を撮ったものの、結果を公表することはなかった。骨のサンプルから、血液型はA２型でMN型であるとわかる。

二〇〇五年、今度はエジプトのチームが新しい装置を試した。ＣＴスキャンである（X線よりはるかに細部までわかる）。こうした一連の科学的調査により、カーターが「検死」のあとに発表しなかった事実が明るみに出た。あの男はツタンカーメンの腕や足をもぎ取り、胴体を半分に切断していたのである。黄金のマスクを外すために、ナイフで頭を削ってもいた。さらには一四三個の護符を手に入れようと、まわりを包む包帯も切りひらいている。それから体を樹脂でつなぎ、砂の入った木箱のなかへミイラを納めた。王の性器や、親指や肋骨は、くっつけなおすのも面倒とばかりにその砂に埋めている。それからツタンカーメンを木箱ごと棺に戻した。

なんのことはない、カーターもただの墓荒らしだったわけである。

CTスキャンで見てみると、ツタンカーメンには過蓋咬合《かがいこうごう》（上の前歯がかぶさって下の前歯が隠れた状態）とわずかな口蓋裂《こうがいれつ》（口蓋部に破裂の見られる先天性異常）があり、背骨も曲がっていた。それだけではない。片方の大腿骨《だいたいこつ》が折れていて、しかもこれはカーターのせいではなかった。

少年王の死因はまたも書きなおされる。「骨折した足が感染症を起こして王は死んだ」。ツタンカーメンはふたたび石棺に戻されるが、休息はつかのまのものに終わる。

二〇〇九年、やはりエジプトの科学者チームが今度は骨からDNAのサンプルをとり出した。血液などと併せて詳しく調べると、王はケーラー病にかかっていたことがわかる。この病気のせいで、左足首から先の骨に血液が十分通わなくなり、骨が壊死《えし》した状態になっていた。墓の副葬品として一三〇本もの杖が納められていたのは、あの世でもこの世でもそれが必要だったからなのである。しかし、命取りになったのはこの病気ではない。

ツタンカーメンはマラリアに感染していたことが判明した。病原体を運ぶ蚊に刺されるとかかる病気である。足先が壊死し、大腿骨は折れ、そこにマラリアが加わってとどめを刺した〔訳注　近年では、マラリアではなく鎌状赤血球貧血症で死亡したとの新説も浮上している」。

紀元前一三二三年ごろに亡くなったとき、ツタンカーメン王はまだ一九歳だった。大腿骨の骨折を確認するのにCTスキャンを使うまでもない。肉眼でもわかったし、じつはカーターが行なった最初の検死報告書でも触れられていた。その報告書には、王の顔の左側に小さな変色したかさぶたのようなものがあったとも記されている。当時はその正体がわからなかった。だが、王がマラリアで死んだとなれば、それは三〇〇〇年前に蚊が刺して王の命を奪った痕《あと》だったのかもしれない。

ツタンカーメンのミイラはまた墓に戻された。これでようやく安らかに眠れる。……だろうか？　いったいいつまで？

◆古いミイラの利用法

古代には、ファラオにかぎらず大勢の庶民もミイラになった。のちにミイラは世界中に大量に運ばれ、いろいろな目的に使われている。いくつか紹介しよう。

一．薬として

かつては何百年ものあいだ（一四～一九世紀）ミイラが薬になると信じられていて、燃やしたり砕いたりして油や粉末にすれば次の症状に効くとされた。

- 膿瘍《のうよう》
- 咳
- てんかん
- 骨折
- 動悸
- 麻痺
- 毒物中毒
- はしか
- 潰瘍《かいよう》

ミイラ薬を飲んだ場合の副作用
- ひどい嘔吐《おうと》
- 口臭

二.紙として
一体のミイラには、重さにして少なくとも一三キロあまりの包帯が巻かれている。一九世紀なかばのアメリカでは、この包帯をほどいて茶色い紙に加工し、肉屋で肉を包むのに用いた（客には何も知らせぬまま）。だが、ミイラ紙はほどなくして使われなくなった。製紙工場の作業員のあいだでコレラが流行したためである。

三．絵の具として

ミイラを砕いて粉にすると、濃い茶色になる。これが一八〜一九世紀の一部の画家たちに好まれた。ただし、ミイラ絵の具にはいくつか問題が。

- 乾きにくい
- 暑くなるとしたたり落ちる
- 寒くなると縮んでひび割れる
- まわりの絵の具や重ねた絵の具を変色させてしまう

◆ミイラの目玉

ミイラの眼窩《がんか》は空洞に見えるが、じつはそうではない。死体を乾燥させる過程で、目玉は完全にしぼんでごくごく小さくなっており、奥に張りついている。ミイラの眼窩に布や石、またはタマネギなどが詰められ、その表面に目の絵が描かれていることもある。

ミニ知識
ミイラの目玉を水で戻すと、ほぼ元どおりの大きさになる。

◆ガラスのなかのツタンカーメン

ツタンカーメンのミイラはもう石棺にはない。王墓の内部にガラスケースを設置し、ケース内の温度や湿度を管理できるようにして、そのなかに納めてある。展示ケースが初めて公開されたのは二〇〇七年。ミイラは過去に五回も調べられているが、ようやく今になって一般市民も見られるようになったわけである。

第2章

ユリウス・カエサル
23人からめった刺しにされた英雄

古代ローマの政治家
生-紀元前100年7月13日、イタリア（ローマ）
没-紀元前44年3月15日、イタリア（ローマ）、享年55

ユリウス・カエサルは短刀によってこの世に生を受けた。カエサルをとり出すのに、母親であるアウレリア・コッタの腹を切らねばならなかったからである。今でいう帝王切開だ。切開されたのは母親のほうなのだから、「帝母切開」と呼んでもよさそうなものだが、結局はのちに帝王並みの権力を振るうカエサルが栄誉をさらった〔訳注 これが通説だが、「帝王切開」の語源については諸説あるうえ、カエサル自身も帝王切開で生まれたわけではないとする説もある〕。このことはカエサルの人生を端的に物語っているといってもいい。この男はいつも自分が中心だった。有名な言葉「来た、見た、勝った」も主語は「私」である。遠い異国の地で五〇戦しても死ななかったのに、最後は生まれ故郷のローマで、とるに足りない政治家たちの手にかかった。人生の始まりがそうだったように、終わりもまた短刀によってもたらされた。

カエサルは「ローマ人にしては背が高い」といわれた。もっともこれは言葉の綾であって、さほど高かったわけではない。それでも、頭がよく、並外れた魅力と統率力を備え、すぐ実行に移す行動力がある。熱弁を振るって大勢の兵士を奮いたたせ、遠くの町々までつき従わせて意のままに攻めおとさせることもできた。カエサル軍の合言葉は「幸運《フェリキタス》を！」である。軍事にかかわることにはなんであれ目がなく、野営も訓練も、人を殺すことも大好きである。部下には十分な報酬を支払い、軍人をれっきとした職業に変えた。

カエサルは「自己PR」という概念が生まれる前から自分をたくみに売りこんでいる。自らの素晴らしき人生について一〇冊の本を書き、それを歴史書と呼んだ。自分の誕生日を祝日にもしている。

五二歳のときに政敵を追ってエジプトに向かい、二一歳のクレオパトラ女王と出会う。この女性がなかなか気に入り、その財宝はなおのこと気に入った。やがてふたりのあいだに息子が生まれ、カエサリオンと名づけられた。「小カエサル」という意味である。カエサルは生涯で三人の妻をもったが、クレオパトラと結婚することはなかった。

ローマの元老院《げんろういん》は、たったひとりの人間がローマを治めるのを嫌った。だからカエサルといえども、「三頭政治」と呼ばれる三人ひと組のひとりにすぎない。だが、そんな仕組みが長く続くはずもなかった。カエサルは人と何かを分かちあうのがあまり好きではないからである。ローマの内戦を終結させると、紀元前四四年二月に「自分は終身独裁官になる」と宣言した。元老院の議員にしてみれば、おいそれと呑める話ではない。苦々しく思った議員のなかには、カエサルと親しかったブルトゥス（英語読みはブルータス）もいた。

カエサルは「善《よ》き独裁者」を実践する。金利を下げ、土地を分配し、植民地を築いて退役軍人を住まわせる。政敵にも恩赦を与えた。これはなかなかできることではない。許すより殺すほうがはるかに簡単だからである（今でもそう思っている人はいる）。唯一の問題が、話を事前に元老院に通さないことだった。

元老院の議員といえば聞こえはいいが、要はただの金持ち連中である。なんでも自分たちで決めなければ気がすまない。だからこの男を止めなければならないと考えた。やつはおのれの職分を超えて大きくなりすぎ、自分たちの階級を危うくしようとしている、と。友人のブルトゥスを含む六〇人の議員がひそかに一計を案じた。カエサルは三月一五日に元老院の会議に来ることになっている。

伝えられるところによれば、その日カエサルは行くのをやめるつもりでいた。占い師から「三月一五日に注意せよ」と告げられていたからである。

ところが、別の側近がやはりひそかに暗殺計画に加担しており、カエサルの屋敷に赴いてかならず出席するように仕向けた。

カエサルは議場に足を踏みいれる。すると男たちがたくらみを胸に、シマウマを狙うハイエナよろしくまわりを囲んだ。

ひとりの議員がカエサルのトーガ（一枚布でできた正装用の上着）に手をかけ、肩から引きおろす。これで背中から刺しやすくなった。背後から襲うのだから目をつむっていてもできそうなものだが、うしろの男は体がすくんだのか近視だったのか、つき出した短剣はカエサルの肩をかすめただけだった。まわりの議員たちも、忍ばせていた短剣をすかさずトゥニカ（トーガの下に着る膝丈の下着）のひだからとり出す。一味のなかにブルトゥスの顔を見つけて、カエサルは「ブルトゥス、お前もか」とつぶやいた。

ブルトゥスはカエサルめがけて荒々しく短剣を振るう。事前の取決めで、ひとりだけが責めを負うことのないように六〇人全員でひと刺しずつすることになっていた。六〇対一では、いかに偉大なカエサルといえども勝ち目はない。両足、背中、鼠径部《そけいぶ》、顔、そして両目に剣を受ける。最後は自分のトーガを引きあげて顔を隠すようにして、二三か所の傷とともに倒れた。残り三七名の議員は手を下すまでもない。

暗殺者たちが見つめるなか、カエサルは床で血を流して事切れた。殺したあとにどうするかなど何も決めていなかったので、みな一目散に扉から逃げる。死んだカエサルと一緒のところを見つかってはたまらない。ともあれこれで自分たちは英雄になれると思った。通りに出て高らかにいい放つ。カエサルは暴君だった、これでローマの暮らしはもっとよくなるであろう、と。だがローマ市民は納得していなかった。

その日、カエサルの死体は長らくその場に放置されたままだった。ようやく三人の召使が遺体を引きとりにくる。屋敷まで運ぶ道すがら、市民はみな表に出て血まみれの亡骸を見送った。

やがて人々は怒りと憤りに燃えて集まりはじめ、その数はふくれあがっていく。カエサルにつかえた軍人たちは、暗殺者の息の根を止めてやろうと剣を抜いた。

その夜、暗殺者たちはひとところに集まって身をひそめ、次なる計画を練った。一方、群衆は暴徒と化してローマを制圧する。議員たちは身の危険におびえ、やましさも手伝って、カエサルが手がけた改革をすべて承認すると発表した。ついでにこんなお触れも出す。「暗殺者を殺してはならない！」ずいぶん立派な命令である。

カエサルのために、金箔を施した火葬台が町の中心部に築かれた。棺が載せられ、なかに遺体が安置されると、ローマ市民は熱狂に沸いた。

火葬台に火がつけられる。あたりにある物は手当たりしだいに投げいれられて火をかき立てる。高々と積まれた薪《まき》は何時間も燃えつづけ、ついには小さな灰の山だけが残った。

カエサルは大小さまざまな戦いを生きぬき、はるかな異国への遠征もなし遂げながら、最後はイタリアのローマで、紀元前四四年三月一五日に同僚の手にかかって果てた。五五歳だった。まさしく「三月一五日に注意せよ」である。遺言により、カエサルが所有していた庭園はローマ市民に寄贈され、市民にはひとり残らず遺産の一部が分けあたえられた。

三月一五日は暗殺者たちにとっても災いの始まりとなる。その後三年より長く生きられた者はただのひとりもいない。全員が捜しだされて殺されるか、追いつめられて自害した。

◆検死解剖

記録に残る最も古い検死解剖はカエサルに対するものだった。

医師のアンティスティウスは解剖の結果、二三か所の刺し傷のなかで致命傷となったのは胸の傷のみだったと断定する。ほかの二二か所だけであれば、カエサルは生きのびていたかもしれない。

解剖は何千年も前から行なわれてきた。一五世紀までは人体を解剖するのは犯罪だったが、体の構造を学びたい学生がそれで思いとどまるはずもなく、いわゆる「死体泥棒」となって死体を調達した。

一六世紀になり、カトリック教会は情報を得る手段としての解剖を認める。最近ではＭＲＩ（核磁気共鳴画像法）やＣＴスキャンといったテクノロジーの発達により、解剖しなくてもかなりのことがわかるようになっている。

解剖率
・一九五〇年代までは全死者数の約五〇パーセント
・一九七〇年には二〇パーセント
・現在は〇〜五パーセント

◆暦《こよみ》

カエサルの時代、ローマ暦《れき》には一年が三五五日しかなかった。一年につき一〇日足りないので、すぐに夏に雪が降るような羽目になる。

紀元前四六年、カエサルは一年を三六五日と定めた。また、四年おきにうるう年を設け、その年にだけ一日加えて三六六日とした。カエサルはこの新しい暦を、自分の名にちなんでユリウス暦と名づける。しかしこれでは正しい一年の長さより一一分あまり長い。たかが一一分とはいえ、一六〇〇年もたてば暦はまたかなりずれてくる。

一五八二年、ローマ教皇グレゴリウス一三世は、夏に雪が降るようなことが未来永劫《えいごう》起きないようにと、うるう年の決め方を変えた。四で割りきれるが一〇〇では割りきれない年をうるう年としたのである。ただし、四〇〇で割りきれる年はすべてうるう年である（なんともややこしい）。教皇は自分の名にちなんで、新たな暦をグレゴリオ暦と名づけた。私たちが今も使っているのはこれである。

◆カエサルにちなんで名づけられたもの

・七月……ローマ暦では「クインティリス」と呼ばれていたが、ユリウス暦で「ユリウス（Julius）」と改名された。七月はカエサルの生まれ月。七月の英語名「July」も「Julius」から来ている

・暦……ユリウス暦

・ローマ皇帝……歴代のローマ皇帝の名前にはすべて「カエサル」が含まれるようになる

・ツァーリ……ロシアでは皇帝を「ツァーリ（英語表記 Czar）」と呼ぶが、これも「カエサル（Caesar）」から来ている

・カイザー……ドイツでは皇帝を「カイザー（Kaiser）」と呼ぶが、これもカエサルから来ている

・帝王切開……英語ではカエサルにちなんで「caesarean-section」と呼ぶ〔訳注二四ページの訳注参照〕

◆カエサルにちなんで名づけられたのではないもの

・シーザーサラダ……カエサルは英語読みで「シーザー」というが、シーザーサラダは一九二〇年代に料理人のシーザー・カルディーニにちなんで名づけられたものである。この男の名前がカエサル（＝シーザー）にちなんでいるのはいうまでもない。

第3章

クレオパトラ

自らに毒針を突きたてた女王

古代エジプトの女王
生-紀元前69年、エジプト
没-紀元前30年8月12日、エジプト、享年39

二〇〇〇年以上も前に死んだというのに、いまだに誰もがその名を忘れない。クレオパトラは聡明で野心家で、華やかなものを愛し、きらびやかで豪勢な暮らしを送った。女性であれば、ハロウィンのときに仮装してみたくなる人物だろう。目のまわりを黒く縁どり、特徴的な髪型にして。

クロスワードパズルが好きな人は、この女王の死因を知っているかもしれない。よく「パズルのカギ」として登場するからだ。カギ「ヨコの1——クレオパトラを殺したもの（三文字）」。答え「アスプ（毒蛇《どくへび》の名前）」。こういわれるようになったのは、シェイクスピアの戯曲『アントニーとクレオパトラ』の影響である。クレオパトラは死の場面で、自分の胸と腕を毒蛇に咬《か》ませたように描かれている。だが、本当はもっと『ロミオとジュリエット』のラストシーンに近いものだった。

クレオパトラの家系は何百年も前から代々エジプトを治めてきた。一族は王位をめぐって骨肉の争いをしてきたことで知られる。身内同士で結婚をくり返し、だましあい、殺しあう。それはクレオパトラの家族とて例外ではなく、父と姉が血で血を洗った。クレオパトラはクレオパトラで、一八歳のときに女王の座についてからも弟や妹とたびたび対立や戦いをくり広げている〔訳注　クレオパトラは実際には単独で女王になったわけではなく、慣例に従ってふたりの弟と順次兄弟婚をして共同統治をした」。

紀元前一世紀の世界で誰と知合いになっておけばいいかをクレオパトラは十分に心得ていた。一時期はユリウス・カエサルと親密になり、子どもまでひとりもうけたが、その関係はカエサルの暗殺によって唐突に終止符を打たれる。

次に、やはりローマの指導者であるマルクス・アントニウスに近づく。結局はこれが生涯の愛を捧げる相手となった。ロミオとジュリエットのように、アントニウスとクレオパトラもひそかに結婚する。この愛は何年も変わることなく、ふたりが死ぬその日まで続く。女王とアントニウスのあいだには三人の子が生まれた。カエサルに加えてアントニウスとも恋仲になったことから、クレオパトラは「王たちの女神」の称号を得る。

クレオパトラとアントニウスはただ互いへの想いに胸を焦がしていただけではない。なんとしても世界を手中に収めたいという途方もない野望があった。もちろんローマも、である。やがて、オクタウィアヌス率いるローマ軍と戦争になる。ふたりはギリシア沖のアクティウムの海戦で敗れたものの、死はまぬかれた。そこで、共倒れにならぬよう、ふた手に分かれることにする。

クレオパトラは命からがら逃げる。ローマ軍が自分をつかまえ、殺し、愛するエジプトを征服するのはもはや時間の問題だった。急いで屋敷に戻り、手当たりしだいに財宝をかき集める。黄金の小像や、宝石をちりばめた碗《わん》、もちろん女王としての装身具も。それらを、王家の墓地に建てておいた自分の霊廟《れいびょう》にしまいこむ。

ローマ軍がエジプトに到着したとき、クレオパトラは準備を終えていた。髪結《ゆ》いをする召使の女性と、もうひとりの侍女と一緒に、宝物《ほうもつ》であふれる霊廟に立てこもる。扉の内側に物を積みあげて誰もなかに入れないようにし、黄金と黄金の隙間にはおびただしい量の焚《た》き木を詰めた。これだけあれば町中を火の海にできるだろう。手始めがこの霊廟であり、エジプトの財宝はすべて灰になる。ローマ軍は手が出せなかった。

マルクス・アントニウスは別の場所に隠れていたが、クレオパトラの命と引きかえに自分を殺してくれと申しでる。誰も耳を貸さない。

するとそこに、クレオパトラが亡くなったとの一報が舞いこむ。アントニウスは悲嘆に暮れ、剣を抜いて自らの腹に突きたてた。息も絶えだえのところに、新たな知らせが届く。「先ほどのは誤報であった。クレオパトラは生きている」。アントニウスはとても動ける状態ではなかったものの、二名の部下に命じて自分を霊廟に連れていかせ、その目でクレオパトラの生死を確かめることにする。

だが霊廟に着く前に、クレオパトラはアントニウスが死んだとの一報を受けとっていた。そのため扉を必死に叩く音がしても、あけようとはしなかった。罠だと思ったのである。クレオパトラにつき従うふたりの女性は上の階に上がり、窓からアントニウスの姿を確認する。ふたりはロープを投げおろし、アントニウスを引きあげて、窓からなかに入れた。アントニウスはクレオパトラの無事を見届け、その腕のなかで息絶えた。

どうやら、情報をやりとりすると重大な手落ちが生じるらしい。だからクレオパトラは、アントニウスが死んだとわざわざローマ軍に知らせる手間はかけなかった。かわりに、亡き恋人の血にまみれた剣を送りつけた。

アントニウスの行動ははからずもローマ軍に突破口を与えることとなる。兵士らは霊廟にはしごを立てかけ、アントニウスが入ったのと同じ窓からなかに忍びこんだ。そして不意をついてクレオパトラを襲う。女王は慌てて短剣に飛びつく。自害を考えたのかもしれないが、おそらくは敵に切りつけようと思ったのだろう。いずれにしても、手にした短剣はもぎ取られ、誰を刺すことも叶わずに終わる。

ローマ軍はクレオパトラを殺さなかった。相手は女性であるし、新しい皇帝の評判に傷がつくのもまずい。ローマに連れかえり、鎖につないで、凱旋パレードの見世物にするつもりだった。かつての女王も、余興の呼び物として余生を送るのがせいぜいとなるだろう。

クレオパトラは宮殿で軟禁状態に置かれ、ローマ行きの準備が進められる。ある晩クレオパトラは、髪結いの召使と侍女を伴って以前の女王の間《ま》に入り、女だけの宴《うたげ》を

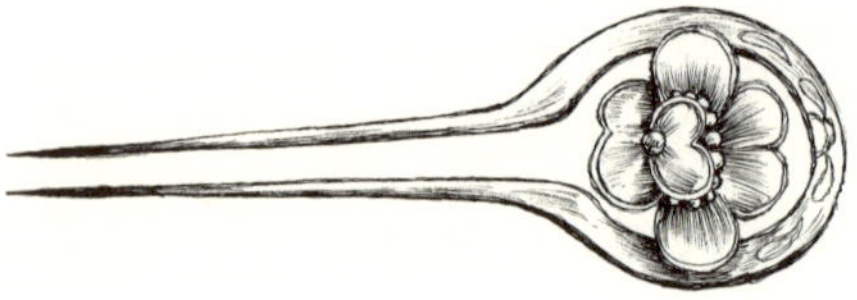

当時のヘアピン

開いた。美しく着飾り、かご入りの果物を届けさせる。それからローマ軍に宛てて、自分が死んだらアントニウスと同じ墓に葬《ほうむ》ってほしいと書きおくった。

いったいどういう意味だろう。

兵士たちがなかに押しいる。クレオパトラは金色の長椅子に横たわっていた。争った跡もなければ血も流れていない。だがすでに息をしていなかった。足元では侍女が事切れている。髪結いは今まさに最後の仕上げをしているところで、クレオパトラの額に帯状の髪飾りをはめた。それから倒れて動かなくなった。

当時のエジプトでは毒薬の取引がさかんだった。鳥兜《とりかぶと》、菲沃斯《ひよす》、毒人参《どくにんじん》といった毒草は簡単に手に入る。クレオパトラの腕には、小さな刺し傷が二か所残っていた。蛇に咬まれたのではない。毒薬をつけたヘアピンで刺したのである。

クレオパトラは女王として二一年間エジプトを統治し、紀元前三〇年八月一二日に三九歳で命を終えた。エジプトはその後ほぼ四〇〇年にわたってローマ帝国の属州となる。クレオパトラの亡骸はマルクス・アントニウスの隣に、女王として埋葬されたと記録されている。しかし、その墓はいまだに見つかっていない。

ふたりを悩ませたメッセージのやりとりのように、クレオパトラの死因は二〇〇〇年のあいだにあやふやになってしまった。だが、クロスワードパズルのカギが変更されるのも、そう遠いことではないだろう。カギ「ヨコの1――クレオパトラを殺したもの（四文字）」。答え「ドクヤク」

◆クレオパトラの子どもたちとその後

カエサルとのあいだ

・カエサリオン……クレオパトラとアントニウスを破ったオクタウィアヌスによって、一七歳のときに殺された。カエサルの後継者を名乗るおそれがあったためである

アントニウスとのあいだ〔訳注　三人とも、母の死後はアントニウスの先妻のもとで養育された〕

・クレオパトラ・セレネ……ヌミディアとマウレタニア（ともに北アフリカにあった古代王国）の王であるユバ二世と結婚し、二児をもうけた

・アレクサンドロス・ヘリオス……不明

・プトレマイオス・フィラデルフォス……不明

◆投獄や監禁を経験した歴史上の人物

・クレオパトラ……アクティウムの海戦で敗れたあと、オクタウィアヌスの軍にとらえられた

・リチャード一世（獅子心王）……オーストリア公レオポルト五世にとらえられて二年間幽閉され、イングランドが身代金を支払って解放された

・クリストファー・コロンブス……三度目の航海のとき、入植地の統治に失敗したとしてサントドミンゴで逮捕され、本国に送還された

・エリザベス一世……異母姉であるメアリー一世に対して反乱を企《くわだ》てたとして投獄された

・ポカホンタス……イギリス人入植者によって拉致《らち》・監禁された

・ガリレオ・ガリレイ……地動説を支持する本を書いたかどで裁判にかけられ、自宅軟禁にされた

・マリー・アントワネット……フランス革命時にフランス王妃だったために投獄された

・ダニエル・ブーン（アメリカの西部開拓者）……ショーニー族の捕虜となるも、信頼を得て部族長の養子となり、「大きな亀」を意味する名前をもらうが、四

か月後に脱走して、攻撃が近いことを入植者に知らせた

・ナポレオン・ボナパルト……イギリスとの戦いに敗れて島流しにされた

・ネルソン・マンデラ……反政府運動を行なったために二七年間投獄されたが、釈放後四年あまりで南アフリカ初の黒人大統領に選ばれた

第4章

クリストファー・コロンブス

汚れと痛みでぼろぼろになった船乗り

探検家

生-1451年8月から10月のあいだ、イタリア（ジェノヴァ）

没-1506年5月20日、スペイン（バリャドリッド）、享年54

コロンブスは海の上では神がかった才能を発揮したが、陸地ではあまり冴えなかった。口を開けば船で東洋を目指すと夢を語りながら、なぜか西回りの航路でアジアへ向かおうとしていた。あまり賢いやり方ではない。すでに当時はたいていの人が、地球はなんとなく丸いらしいと考えてはいた。でも裏側の水はいったいどうなっているのか。粗末な食事に耐え、狭い船室に詰めこまれて眠り、わざわざ遠回りをして陸地を探しにいくなんて、何が楽しくてそんなことをするんだろう。頭がいかれたに違いない。誰もがそう思った。けれどもコロンブスの決意は固かったし、たしかにそれなりには頭もいかれていたので、前代未聞の馬鹿げた企てをやってみるのもいとわなかった。壮大な夢を追う者は、どこで眠るかなど気にしないものである。

コロンブスはイタリアに生まれる。二十代でポルトガルへ移り、結婚し、ふたりの息子をもうけた。ポルトガル王室に掛けあって夢の後押しをしてもらおうとするが、断られる。困ったコロンブスはスペインに向かい、共同統治者であるフェルナンド二世とイサベル一世に航海の資金を出してくれとせがんだ。六年訴えつづけてもいっこうに色よい返事がもらえない。ついにはこんな計画をもちかける。探検先で手に入れた黄金と香辛料は一割を自分の取り分とするが、残りはすべてスペインに引きわたしましょう、と。

ようやく王と女王は、航海に出て黄金を見つけてこいと命じた。

一四九二年、一〇〇人ほどの男たちがニーニャ号、ピンタ号、サンタ・マリア号という三隻の帆船に押しこまれた。このときコロンブスは四一歳。望遠鏡やサングラスはおろか、つば広《びろ》の帽子や船内用の便器もない時代である。つまり一行は装備らしい装備ももたずに、海図のない海に向かって西へと乗りだしたわけだ。

航海に三年はかかるとの声もあったが、ひとたび舵《かじ》を握ればコロンブスの右に出る者はない。風を読んで太陽を仰ぎ、水平線をにらむことわずか三三日、早くも陸地を探しあてた。目指す東洋ではなかったものの、陸地には違いない。コロンブスはその島をスペイン領だと宣言する。島はサン・サルバドル島と名づけられた。原住民は裸同然の姿にもかかわらず、黄金の鼻輪をしていた。なんとも幸先がいい。コロンブス一行は戦利品を手に帰還する。

スペインでは、あの頭のおかしなコロンブスが一躍英雄である。フェルナンド王とイサベル女王は二度目の航海を許した。一四九三年、コロンブスは一七隻の大船団を率いて出航する。サン・サルバドル島に戻り、一五〇〇人の乗組員を降ろして黄金を掘りださせるためだ。

ところが航海の途中でコロンブスは体調を崩し、下痢に苦しめられる。海の上で腹を壊すのはあまり楽しいものではない。なにしろ用を足すには、船の舳先《へさき》から尻をつき出し、そばにぶら下がったロープで拭かなければならないのだ〔訳注　当時の帆船の構造では舳先が風下にくるので、そこで用を足せば船体を汚さずにすんだ〕。乗組員たちの手も汚物のばい菌で汚れ、しかも誰もがその手で食事をしたので、たちまち船全体に感染が広がった。おまけに湿った冷たい風を何か月も浴びたために、コロンブスの関節はこわばって腫れあがり、あまりの痛さに歩けなくなる。それでも精いっぱい航海を続けたが、東洋は影も形もなく、黄金郷も見つからない。

フェルナンド王とイサベル女王は、帰国したコロンブスから報告を聞く。当然ながらおもしろくない。

コロンブスは、どうかもっと時間を与えてほしいと必死に訴える。しかし、もはやこの男に何かが発見できるとはとても思えなかった。目は長いあいだ酷使されて日光にさらされたために充血している。船では塩漬け肉や酢漬けの鰯《いわし》を食べ、葡萄酒ばかり飲んでいるので痛風を患《わずら》い、足が腫れて船の上をまともに歩くこともできない。今やコロンブス自身が難破船だった。

それでもなんとか資金援助を引きだし、三度目の航海に出る。探検隊はベネズエラに上陸して新世界の発見も果たしたが、コロンブス自身は自分の目で新大陸を見ることも、足を踏みいれることも叶わなかった。視界がぼやけ、黒い斑点でさえぎられていたうえに、ひどい関節炎ですっかり背中が曲がっていたからだ。手の指は変形してかぎ爪のようになり、日差しのせいで目の腫れと充血はますますひどくなる。船どころか体の舵取りもままならないので、主甲板にコロンブス専用の船室がつくられた。コロンブスにとって船は海に浮かぶベッドとなった。

体の自由がきかず、目がろくに見えなくても、コロンブスは四度目の航海で新しい土地に到達する。そこは何百年も先にパナマ運河が開通する場所。陸地をわずか六〇キロあまり進めば太平洋が広がっている。そのことを知っていたらコロンブスはどんなに喜んだだろう。太平洋は東洋へと連れていってくれる。だが時すでに遅し。追いうちをかけるようにコロンブスはマラリアにかかった。蚊によって運ばれる病気である。激しい悪寒と高熱に襲われ、息苦しさにあえぐ。天才的な航行アンテナも使い物にならず、船は難破して一行はジャマイカにたどり着く。ようやく部下のひとりが近くのイスパニョーラ島まで丸木舟を漕いでいき、救援の手配がなされるころには一年が過ぎていた。

コロンブスは死んだも同然の状態で、どうにかスペインに戻る。その後は修道院に身を寄せ、修道士の介抱を受けた。気のふれた船員だろうが誰だろうが、修道士には拒めない。コロンブスは次の航海に向けて計画を練ったが、それも夢に終わる。

一五〇六年五月二〇日、コロンブスは五四歳であの世へと旅立った。葬儀に参列した者はなく、新聞で報じられることもなかった。イサベル女王はすでに亡くなっており、フェルナンド王にはコロンブスの取り分を遺族に支払う気などさらさらない。もはや周囲がコロンブスの名を口にすることすらはばかられた。しまいには遺族も、残された地図や手紙をすべて売りはらっている。

コロンブスには新世界発見者の称号が与えられなかった。それもこれもアメリゴ・ヴェスプッチという男のせいである。ヴェスプッチは一四九九年に新世界への探検航海に参加し、自分の著書に「新世界を発見した」と記した。だが、それはでたらめだった〔訳注　ヴェスプッチの記録の真偽については諸説ある〕。しかしドイツの地理学者がその本を読み、アメリゴにちなんで新世界を「アメリカ」と名づけたので、その呼び名が定着した。いずれにしても、苗字のほうをとって「ヴェスプッカ」という名にはしなかったわけである。

歴史はコロンブスのことを三〇〇年のあいだ忘れていた。一九世紀になり、スペイン国王が王室の書庫からコロンブスの航海日誌を見出したおかげで、ようやくコロンブスは新世界を発見した人物として認められる。

コロンブスの亡骸もまた数度の航海に出た。初めはスペインに埋葬されたが、記録によると遺族がイスパニョーラ島に移住したときに一緒に海を渡っている。現在でいうとハイチ共和国とドミニカ共和国のある島だ。その後、二〇〇年以上たってからキューバへと運ばれ、さらに一九世紀末になってスペインに戻ったとされている。ドミニカもキューバも、自分のところにコロンブスの遺骨があると今なお主張している。コロンブスの遺骨を調べてＤＮＡ鑑定を行なった結果、少なくとも遺骨の一部がスペインにあることは確認された。キューバとドミニカは自国にあるとする遺骨の鑑定を拒んでいる。

近年になって医師たちがコロンブスの症状を分析し、死因はライター症候群（反応性関節炎）だったと結論づけた。珍しい病気で、狭く不衛生な場所で生活することが原因になりうる。今日でも兵士や船員、海兵隊員に見られることがある。症状はまず下痢から始まり、次いで目や関節、尿路に炎症を起こすことが多い。

もしも読者にどうしても叶えたい夢があるなら、たとえ狭い場所で暮らすことになろうとも絶対に諦めてはいけない。ただし、石けんだけは忘れずに。

◆壊血病

壊血病は、船乗りを苦しめた命取りの病《やまい》である。

一五六四年、オレンジを食べるとこの病気の症状が消えることにオランダ人医師が気づいた。一七五三年、すべての柑橘類に同じ効果があることをスコットランドの医師が発見する。

一七九五年、英国海軍は乗組員に毎日ライムジュースを配給するようになった。英国海軍の水兵が「ライミー（ライム野郎）」というあだ名で呼ばれるのはそのためである。

英国海軍の水兵が健康だったことが、ナポレオンに勝利する一因となった。

一九二八年、柑橘類にビタミンCが含まれていることが確認される。船員の壊血病はビタミンC不足から来ていたのである。

壊血病
この病気により、大勢の船員や水兵が洋上で命を落とした。症状は、極度の疲労や歯茎からの出血などで、放置すれば死に至る。

◆世界地図の歴史

・一五〇〇年ごろ……プトレマイオスが世界地図一枚と地方図二六枚を描き、そのなかでアメリカの位置にインドを置いた。コロンブスはこの地図に基づいて、新しい陸地を発見したときインドに到達したと考え、先住民をインディアンと呼んだ

・一四九二年……最初の地球儀がつくられる。南北アメリカ大陸と太平洋はまだ発見されていないので、描かれていない
・一五〇七年……南北アメリカ大陸の載った最初の地図がつくられる
・一六七七年……知られているかぎりで最初の北米イギリス植民地地図が出版される

◆痛風
血液中の尿酸濃度が異常に高くなると、尿酸が結晶となって関節内に溜まる。これが痛風の原因である。

結晶はきわめて小さく、トゲが生えたような形で、一夜にしてつくられることもある。結晶ができると、痛みに加えて震えや発熱といった症状が現れることもある。場所は足の親指が一番多いが、かかとやふくらはぎ、足首などに起こる場合もある。痛風患者の約三割に尿路結石が見られる。

痛風の痛みは非常に激しく、靴を履いたり服を着たりするだけでも苦痛になる。

痛風を患った著名人（苗字の五十音順）
アレキサンダー大王、ガリレオ・ガリレイ、トマス・ジェファーソン、チャールズ・ダーウィン、レオナルド・ダ・ヴィンチ、チャールズ・ディケンズ、サー・アイザック・ニュートン、ベンジャミン・フランクリン、カール・マルクス、ミケランジェロ、セオドア・ルーズヴェルト

第5章

ヘンリー8世

太って腐って破裂した王様

イングランド王

生-1491年6月28日、イギリス（グリニッジ）

没-1547年1月28日、イギリス（ロンドン）、享年55

ヘンリー八世がイングランド王に即位したのは、血気盛んな一七歳のときだった。馬上槍試合《ばじょうやりじあい》や格闘などの武芸に秀《ひい》で、その若さみなぎる勇敢さから国民の期待を集めた。側近たちも若き君主を敬愛していたが、やがて心が離れていく。気に入らない者を容赦なく殺す王の残忍さを目の当たりにしたからだ。ヘンリーは冷酷で、人への優しさというものがない。それは自分自身に対しても同じである。毎日のように大饗宴をくり広げ、葡萄酒を浴びるように飲んだあげくに、若くて美男だった自分を醜い巨漢に変えてしまった。そして、童謡《マザー・グース》に出てくるハンプティ・ダンプティよろしく王様は「ころがり落ち」て、二度と元には戻れなかった（訳注　元の歌は「ハンプティ・ダンプティ塀に座った／ハンプティ・ダンプティころがり落ちた／王様のお馬をみんな集めても／王様の家来をみんな集めても／ハンプティを元には戻せない」。表記のみ改めて『マザー・グース・ベスト　第1集』（谷川俊太郎訳、草思社）より引用）。

王は多趣味な男である。音楽を作曲したり、宝石をあしらったダブレット（一五〜一七世紀の男性が愛用した腰のくびれた胴衣）を集めたりするのに加えて、処刑台に送った犠牲者の首をロンドン橋にさらすのも好きだった。

六人の幸運な女性がヘンリー八世の妻になったが、王妃の冠をそれなりに長く戴《いただ》いた者はひとりしかいない。女性の名前に独創性がない時代だったので、王は三人のキャサリンにふたりのアン、そしてひとりのジェーンを妃《きさき》に迎えた。そのうち、ひとり目のアンとふたり目のキャサリンは生首がロンドン橋にさらされる。ひとり目のキャサリンとふたり目のアンは離縁され、ジェーンは産褥熱《さんじょくねつ》で死に、三人目のキャサリンは王より長く生きた。結局、ヘンリー八世は妻たちとのあいだにふたりの娘とひとりの息子をもうける。

ただ自分の意に添わないからといって七万人の国民を殺し、国庫を破綻《はたん》させ、妻たちを葬る。その所業が大食いに走らせたのか、ヘンリー八世の食欲はとどまるところを知らず、ついには堂々一四五キロ、見た目も中身も正真正銘のおぞましい怪物と化した。

ヘンリーの足には脂肪が大量についているため、足に送られた血液が心臓へ戻っていくのもひと苦労である。しかも片方の太ももには紫色の傷が口をあけ、悪臭を放って脈打つように痛むばかりか、腐りかけの肉や膿《うみ》、詰まった静脈が覗き、神経の末端がむき出しになっていた。この傷のためにヘンリーは激痛と高熱に苦しめられた。側近たちは鉛や銀、粉炭《ふんたん》、珊瑚《さんご》の粉、それに「竜の血」なるもの（正体不明）を集めてきて、煮こんで糊《のり》状にして王の足に塗る。また、真珠を挽《ひ》いて粉にし、おがくずと一緒に水に混ぜて飲ませもした。皮膚の感染症はいくらかよくなったかと思うとさらに悪化し、そのたびに侍医たちはまた初めから治療をくり返す。

しかし「王様の足の痛み」についてとやかくいうのは許されなかった。ほうぼうに密偵が放たれ、王の体調について噂する者がいれば報告するように命じられている。見つかれば耳を切りおとされるか、火あぶりの刑。どちらになるかは王の心ひとつだ。だから王が現れる先々で人は口をつぐむ。誰もが知っているのに、けっして話題にしてはいけない存在。それがヘンリー八世だった。

ヘンリーが人生最後の馬上槍試合をしたのは四四歳のとき。鎧《よろい》かぶとで全身を覆い、金属音を響かせながら足を引きずって歩き、特別にしつらえた壇をのぼって馬にまたがる。馬もまた試合用の装束《しょうぞく》に身を固めていた。甲冑《かっちゅう》をまとったヘンリー八世と愛馬は、あまりにも巨大な標的だった。うち負かすのは簡単だったが、いつもなら王を勝たせることになっている。だがこのときばかりは勝手が違った。先のとがった長槍で相手が軽くひと突きしただけで、馬は重みに耐えかねてつぶれ、さらに横倒しになって王の良いほうの足を下敷きにした。ヘンリーは太ももに深手を負い、衝撃のあまり気を失う。

王に体重を自覚させる勇気をもっていたのは、この馬だけだったわけである。

さすがのヘンリー八世もこれで一巻の終わりだろうと誰もが思ったが、口に出す者はいない。そしてそれは賢明だった。二時間もすると王は目を覚ましたからである。

その後しばらくはいつもと変わらぬ年月が過ぎた。ある日、ヘンリーは雄鹿狩りに出かける。ところが、帰ってくると熱を帯びて体がむくんでいた。両足が赤く腫れあがり、歩くのもままならない。そのかわり側近たちは、王様は死にかけていると誰もが思ったが、やはり口に出す者はいない。そのかわり側近たちは、王の尿を瓶に集めて飲んだ水の量と比べた。侍医たちは大便も調べ、熱を下げるために浣腸を行なう。どれだけ俸給《ほうきゅう》をもらっていたかは知らないが、なんとも割りに合わない仕事である。

理髪外科医が足の傷の治療にかかる。当時の理髪師は、腫れ物の切開や抜歯といった、軽微ながら痛みを伴う医療処置を施していた。出血を止めて感染症の広がりを食いとめるため、焼きごてを患部に押しあてて肉を焼く。しかしその甲斐もなく、ヘンリー八世は二度と目を覚まさなかった。一五四七年一月二八日、五五歳だった。両足の感染症に加え、肺に十分な血液が行きわたらなかったこと（今でいう肺塞栓《そくせん》症）が命取りとなる。

家来たちはまだ口を開くのが恐ろしく、二日のあいだ王の死を明かすことができずにいた。屍《しかばね》となったヘンリーがベッドの上で、巨大な腐った卵のように悪臭を放っているにもかかわらず、普段と変わらぬ喇叭《らっぱ》の音とともに食事がにぎにぎしく運びこまれた。

そうこうするうち、ようやくヘンリー八世の遺体は鉛の棺に安置される。でも棺はあまりきつく閉じられていなかったのだろう。巨体が威風堂々と横たわるうち、体に溜まった有毒物質が爆発して、威光に満ちた何がしかが夜のあいだに棺の縁からこぼれ出たといわれている。

ヘンリー八世の亡骸は、ウィンザー城内にある聖ジョージ礼拝堂の地下に納められた。遺志により、ひとり息子のエドワードの母で三番目の妃だったジェーン・シーモアの隣である（ジェーンにはありがた迷惑だったろう）。礼拝堂には王の豪壮な墓所がつくられる予定だったが、それが完成されることはなく、ヘンリーの墓は墓標すらないまま長らく放置された。

一六四三年、ピューリタン革命の内乱により礼拝堂の一部が破壊される。一八〇五年には外側を覆う石棺がもち去られ、誰かの墓に使われた。一八一三年、墓標のないヘンリー八世の鉛の棺がまったくの偶然から発見される。そのとき、いくらか蓋《ふた》があいていたという。どうやらきつく閉じられたためしがなかったらしい。ようやく少しは空気の入替えができていたかもしれない。のちにヴィクトリア女王が聖ジョージ礼拝堂の改修を行ない、王の墓所も完成された。ヘンリー八世は今もそこで眠っている。

◆宮廷で供された食事

ヘンリー八世と廷臣たち（約一二〇〇人）がある一日に消費した全食料

・牛……一一頭
・豚……一七頭
・羊……六頭
・鶏……四五〇羽
・鶴……六羽
・鵞鳥《がちょう》……七二羽
・雲雀《ひばり》……六四八羽
・孔雀《くじゃく》……四羽
・鳩……三八四羽
・白鳥……一五羽
・林檎《りんご》……一三〇〇個
・梨……三〇〇個
・パン……三〇〇〇斤

ヘンリー八世と同じ重さの物
・アメリカの一セント銅貨が五万八〇六〇枚

・公式バスケットボールが二四四個
・体形が同じなのはジャバ・ザ・ハット〔訳注　『スター・ウォーズ』に登場するキャラクター。上半身は蛙《かえる》のようで、下半身は太りすぎた蛇のような姿の巨漢〕

◆ヘンリー八世のつかのまの妃たち

王妃名	在位期間	退位の理由
・キャサリン・オブ・アラゴン	二三年一一か月	離婚
・アン・ブーリン	三年四か月	斬首
・ジェーン・シーモア	一年五か月	産褥熱で死去
・アン・オブ・クレーヴズ	六か月	離婚
・キャサリン・ハワード	一年四か月	斬首
・キャサリン・パー	三年六か月	ヘンリー八世死去

第6章

エリザベス1世

死ぬことを意地でも拒みつづけた処女王

イングランド女王
生-1533年9月7日、イギリス（グリニッジ）
没-1603年3月24日、イギリス（ロンドン）、享年69

エリザベス一世は王女として生まれた。父のヘンリー八世は王子を切望していたので、激怒した。エリザベスものちにこのことを知る。母であるアン・ブーリンが、女子を産んだせいもあって父に首を刎《は》ねられたからだ。こうした出来事は心に強く焼きつくものである。さらに数年後、エリザベスの継母であるキャサリン・ハワードも処刑された。王の妻になったらわが身が危ない。エリザベスは自分の首が愛《いと》おしかったので、なんとか守りとおそうと思った。八歳にして早くも「一生誰とも結婚しない」といい放つ。そして、男によって無残に首を斬りおとされることがけっしてないように人生を組みたてていった。

エリザベスの前に女王の座にあったのは異母姉のメアリーである。人呼んで「血まみれの《ブラッディ》メアリー」。家族でバーベキューをしたこともないくせに、平気でプロテスタントを火あぶりにした。幸いにしてメアリーは死に、エリザベスが姉の跡を継いでイングランドの女王に即位する。

赤毛のエリザベス一世が、細く長い指に戴冠指輪をはめたのは二五歳のとき。廷臣たちは、しかるべき伴侶を得て世継ぎを産んでこそ女王の座が安泰になると説き、熱心にデートの段取りをつけた。エリザベスとて男性が嫌いなわけではなく、男性から好かれもしたが、何より可愛いのは自分の首である。

「私はすでにイングランドという国家と結婚している」と宣言する。独身の女王は「エリザベス大女王」としてその名をとどろかせるようになった。またの名を「処女王」。だが、本当に生涯処女だったのかどうか、真偽のほどはわからない。

才気にあふれ、機知に富み、人を無条件で信服させる魅力をもつ。しかもエリザベスには単純明快な成功戦略があった。国を破産させない。衣装を三〇〇〇着もつ。処刑台の使用をなるべく慎む。真珠のネックレスを何重にもして首元を飾る。踊って踊って踊りまくる〔訳注　当時はダンスが健康増進法としても奨励されていて、エリザベスも毎朝の運動として何曲も踊った〕。疫病のごとく戦争を避ける。そして、卵の白身、砕いた卵の殻、みょうばん、ほう砂《しゃ》、けしの実を混ぜた白粉《おしろい》を塗る。

父が父なら娘も娘で、エリザベスもときとして無慈悲な行為を辞さなかった。女王なりの事情があってのこととはいえ、ノーフォーク公、スコットランド女王メアリー・スチュアート、エセックス伯の首を刎ねている。その一方で、イギリス侵攻をもくろむスペインの無敵艦隊を見事にうち破りもした。これは掛け値なしの偉業である。

ときおり腐った歯が痛み、むこうずねに傷が口をあけて九年も治らなかったほかは、エリザベスは当時としてはまれに見る健康と長寿を謳歌し、その首も胴体につながっていた。ところが六九歳になると、体の衰えが見えはじめる。老齢なのだから無理もない。物忘れがひどくなり、関節が腫れて痛んだ。指もふくれあがったために、四四年前に細い指にはめられた戴冠指輪は肉に隠れるほど食いこんでいる。痛くてたまらず、鋸《のこ》で指輪を切ってもらって外さざるをえなかった。この一件はエリザベスを動揺させた。自分の治世が終わりに近づき、自慢の指も美しさを失ったしるしであるかに思えたからである。以後、女王は二度と公《おおやけ》の場に出なかった。

侍医はエリザベスの誕生星座である乙女座の運勢を占う。一六〇三年の医者にできることなどほとんどない。数少ない商売道具が、火打石にナイフにカップ、そして「医学占星図」である。占いでは、星が女王の味方をしてくれる、と出る。

だが星は間違っていた。やがてエリザベスはのどが感染症で腫れてふさがり、高熱に襲われる。歩くのもやっとだったが、それでも頑なにベッドに入ろうとしなかった。寝ついてしまえば自分は終わったも同じ。それを受けいれる心の準備はまだできていない。そこで床にクッションが敷かれ、エリザベスはその上に座った。口のなかに指を一本入れ、床の一点を何時間も見つめつづける。それは戴冠指輪が外された指だったかもしれないし、サファイアの指輪をはめた指だったかもしれない。エリザベスが息を引きとったら、サファイアの指輪はたちどころに抜きとられて次の国王のもとに届けられることになっていた。

エリザベスは床に座ったまま、侍医たちの治療を受けるのも拒む。自分で思いさだめた死に方を誰にも邪魔させるつもりはなかった。最後まで首も女王の座も守りとおさなくては。

重臣のロバート・セシル〔訳注　非常に小柄だったので女王から「小さな人」の愛称で呼ばれた〕が、「女王陛下、ベッドでお休みにならなければ」と進言する。

エリザベスはたしなめた。「小さな人《リトルマン》、君主に向かって『ならなければ』などという言葉を使うものではありません」

女王の従兄弟《いとこ》であるロバート・ケアリーが別の町から駆けつけ、「お加減がよさそうですね」といって元気づけようとする。

エリザベスはこれに苛立ち、ケアリーの手を思いきり強く握って「いいえ、私は具合が悪いのです」と答えた。この男がなんのために来たのかはわかっている。自分が息をしなくなるやいなやサファイアの指輪を外して、次の王へ渡すつもりなのだ。まだまだ女王の頭はしっかりしていた。

そのうちにのどに膿がたまって何も食べられなくなり、腹も痛みだす。とうとうエリザベスは、体を起こしてくれるようにと周囲の者に頼んだ。クッションの上にかれこれ四日も座りこんでいたことになる。立ちあがったのを見て一同が喜んだのもつかのま、女王は今度は一五時間もその場に立ちつくした。

やがてのどの大きな腫れ物がつぶれ、少し気分がよくなったものの、長くは続かない。感染は胸に及んだ。いよいよ容体が悪くなり、エリザベスはついにベッドに入る。宮廷楽士が病床に呼ばれ、静かな音楽を奏でる。女王はもはや何も食べず、話もせず、ただ身を横たえていた。

ホイットギフト大主教が現れ、ベッドの横にひざまずいてエリザベスの手を取る。大主教も女王に負けないくらい年老いてはいたが、女王臨終の際の献身ぶりはよく知られている。大主教は長くひざまずいたために膝の痛みが耐えがたくなり、何度かその場を離れようとした。だがそのたびにエリザベスは、ここにとどまって自分の魂のために祈るようにと求めた。いきおい、大主教の祈りは別の切実さを帯びる。「神よ、どうかお慈悲を！」祈りに一段と熱がこもるなか、エリザベスはまぶたを閉じ、眠りについた。

一六〇三年三月二四日の午前三時、女王は眠ったまま、念願どおりに穏やかな最期を迎えた。六九歳だった。死因はおそらく肺炎だったと見られている。

女官がエリザベスの指からサファイアの指輪を外し、窓から落とす。下ではすでにロバート・ケアリーが馬にまたがって待ちかまえている。ケアリーは指輪を受けとるや疾風のごとく三日間馬を走らせ、エリザベスの従兄弟の孫でスコットランド王であるジェームズ六世のもとに届けた。こうしてジェームズ六世はエリザベスの跡を継ぎ、即位してイングランド王ジェームズ一世となる。

女王の遺体は防腐処理が施されたのち、鉛の棺に入れられた。一か月後、棺はウェストミンスター寺院に向かい、祖父ヘンリー七世が眠る聖廟《せいびょう》内に葬られる。遺体は一六〇六年に礼拝堂の北側廊下に移され、大きな白大理石の墓に納められた。エリザベス一世は英国史上最も有能な君主として、今なお不動の人気を誇っている。

のちの時代に社会や企業の要職で活躍する女性たちにとって、エリザベスはひとつの手本になっている。権力を握り、指輪をはめ、そしてけっして首を飛ばされることがなかったから。

◆エリザベス一世の治世に書かれたシェイクスピアの戯曲（五十音順）

- 『お気に召すまま』
- 『空騒ぎ』
- 『十二夜』
- 『ジュリアス・シーザー』
- 『夏の夜の夢』
- 『ハムレット』
- 『間違いの喜劇』
- 『リチャード三世』

・『ロミオとジュリエット』

◆墓場に関連する言葉
・棺（coffin）……遺体を納める箱
・クリプト（crypt）……教会の地下などにある納体堂・遺体安置所
・サルコファガス（sarcophagus）……壮麗な装飾が施された石棺。なかに遺体やもうひとつの棺を納める
・聖廟（shrine）……聖人をまつり、その遺体を納めた納体堂
・墓（tomb）……地面や岩などに掘られた遺体・遺骨の埋葬場所
・ヴォールト（vault）……通常は教会などの地下にあり、しばしばアーチ形天井のついた納体堂・納骨所

◆ウェストミンスター寺院に葬られたり、記念碑が建てられたりしている歴史上の人物の例（苗字の五十音順）
・ルイス・キャロル（イギリスの童話作家）
・マーティン・ルーサー・キング・ジュニア（アメリカの牧師・人種差別撤廃運動家）

- ウィリアム・シェイクスピア（イギリスの詩人・劇作家）
- サミュエル・ジョンソン（イギリスの辞書編集者・批評家）
- チャールズ・ダーウィン（イギリスの自然科学者）
- サー・ウィンストン・チャーチル（イギリスの政治家・元首相）
- ジェフリー・チョーサー（イギリスの詩人）
- チャールズ・ディケンズ（イギリスの小説家）
- サー・アイザック・ニュートン（イギリスの科学者）
- ロバート・ブラウニング（イギリスの詩人）
- ウィリアム・ブレイク（イギリスの詩人・画家）
- ゲオルク・フリードリヒ・ヘンデル（ドイツ生まれでイギリスで活躍した作曲家）

第７章
ポカホンタス
見世物にされて捨てられた姫

アメリカ先住民の部族長の娘
生-1596年ごろ、アメリカ（のちのヴァージニア植民地）
没-1617年３月21日、イギリス（グレーヴゼンド）、享年21

ポカホンタスは「インディアンの姫」と呼ばれる。アメリカ先住民であるポウハタン族の部族長の娘だったからだ。今の時代に「姫」と聞くと、「甘やかされて育ったおてんば娘」といったイメージが浮かぶが、「ポカホンタス」とは部族の言葉で「おてんば娘」という意味をもつ。そうしてみると、今も昔も事情はさほど変わっていないのかもしれない。しかし、ポカホンタスの人生はもちろん映画で見るようなものとは違っていたし、イギリス人入植者のジョン・スミスと許婚《いいなずけ》も同様の仲だったわけでもない。

スミスに会ったとき、ポカホンタスはまだ一一歳だった。二年後にスミスは新世界を去った。ポカホンタスに本当は何が起きたのかを人はあまり語りたがらない。だが真実はこうだ。利用され、だまされ、監禁され、イギリスに連れていかれ、「野蛮人」も文明化できることの生き証人として見世物にされたのである。ただし、「生き」ていたのはあまり長いことではなかった。

ポカホンタスは美しい自然のなかで幼いころを過ごす。スキップして遊んだ土地には緑があふれ、池や森があり、とうもろこしが実った。そこがのちにヴァージニア州となる。何もかもが申し分のない日々。しかしそれは一六〇七年に終わりを告げる。

この年、スミスを含むイギリス人の一団が上陸し、先住民を「文明化」して目に触れるすべてを奪う腹づもりでいた。

部族長である父親は入植者たちと戦い、銃を取りあげた。今しもスミスの頭を叩きわろうというとき、ポカホンタスが身を投げだして命乞いをしたのだと、のちにスミスは語っている。この男は、入植者がこれ以上来ることはないと部族長に約束して許された。もちろん嘘である。ヴァージニアにはいずれ数えきれないほどのジョン・スミスが住みつくのを私たちは知っている。

人が死なずにすんでポカホンタスは喜んだ。この娘は幼いながらも争いを好まず、イギリス人たちがきちんと食事をとれるように、そして笑顔を見せられるように心を砕いた。ところが入植者はさらに現れ、スミスは礼ひとついわずに入植地を去る。だからポカホンタスも入植者の手助けをするのをやめた。ポカホンタスがいなければ平和などない。結果はいわずと知れたこと。ふたたび戦いが始まった。

当然ながら入植者たちは、奪われた銃をとり戻そうとする。そこで部族長の娘をさらい、人質にとった。ポカホンタスが一七歳のときである。だが部族長は武器と人質の交換にすぐには応じない。ならばとイギリス人たちは、八〇キロあまり離れた別の入植地に娘を無理やり連れさり、「文明化」することにした。英語を覚えさせ、クリスマスや罪といった重要なことを説明する。ポカホンタスはとらわれの身となった。

「もう家に帰りたい」という言葉など誰も教えてくれなかったに違いない。入植者たちは娘に洗礼を施し、名前もレベッカと改め、釈放の交換条件としてジョン・ロルフという男と結婚させた。ヴァージニア一の果報者である。ロルフはポカホンタスの土地を手に入れ、一面にたばこを植えた。土地は結婚の祝いとして（たとえ誘拐の末の結婚であろうとも）部族長から与えられたものである。やがてトマスという息子が生まれる。

ポカホンタスは逃げられなかった。鹿皮の服を着て外を駆けまわっていた少女から、コルセットとボンネット帽をつけて家にこもる婦人へと一八〇度変貌させられ、死ぬほどおびえていた。ロルフはこの変身に気をよくし、妻と息子をイギリスに連れていって入植事業を宣伝しようと考える。そうすれば、入植地にも自分のたばこ農園にももっと金が集まるかもしれない。

ポカホンタスはロンドンをひと目見るなり、なぜイギリス人が自分たちの土地に来るのかがわかった。ロンドンは人がひしめき、ひどく汚れて悪臭漂う、おぞましい場所だった。人や動物の排泄物がいたるところに落ちている。テムズ川にはゴミがあふれていた。アメリカ先住民は毎日水浴びをしていたが、この時代のイギリス人は年に一度しか体を洗わない。石炭を燃やす火からはすすけた煙が立ちのぼり、黄色くにごった雲となって町を覆う。その雲が日光をさえぎる。そこはまさに……そう、ひどく野蛮な世界だった。

　ポカホンタスはロンドン中を引きまわされて有名人になる。ジェームズ一世に謁見し、自分をさらったヴァージニア入植者のために資金を募《つの》った。この状況に誰もが満足していた。ただひとり、当の本人を除いては。ポカホンタスは汚れた空気のせいで咳をしはじめる。当時のロンドンは巨大なばい菌培養皿のようなもの。免疫をもたないポカホンタスの体は、屠場《とじょう》に連れてこられた羊も同然だった。

　もっときれいな空気を求め、ロンドンを離れてイギリスの田舎に移りすんだものの、やはり息をするのが苦しい。なんの病気かは誰にもわからなかったが、ポカホンタスはしだいに衰えていった。

　ロルフは航海日和《びより》を何か月も待っていた。早くヴァージニアのたばこ農園に戻りたくてしかたがない。妻が病気で苦しがっていようが、この男の知ったことではなかった。ポカホンタスは二歳の息子とともにロルフの船に乗せられる。息子もまた病気だった。

　しかし、冷たい海風が行く手を阻み、遠くまで進むことは叶わずに終わる。たぶんポカホンタスの顔は青ざめていたのだろう。船はグレーヴゼンドという港町に入り、ポカホンタスは船を下りて手当てを受けることにする。だが、医者に診《み》てもらったという記録はいっさい残っていない。無理からぬ話だ。そのころは医者の割合が、患者八〇〇〇人に対しひとりしかいなかったからである。

　その後何があったのかは定かではないが、結局ポカホンタスはグレーヴゼンドで帰らぬ人となった。一六一七年三月二一日。死因は結核か肺炎と見られている。まだ二一歳だった。

「有名人」とはよくいったものである。ポカホンタスの死は新聞にすら載らなかった。亡骸はその日のうちに棺に入れられ、一ブロック先の聖ジョージ教会に運ばれて、地下の墓所に墓標も墓石もないまま葬られた。何十年もしてから教会は火事で焼けおちる。ただひとつ焼失をまぬかれたものが埋葬者名簿であり、そこにポカホンタスの名が記されている。

　ロルフは二歳の息子をヴァージニアに連れていかなかった。イギリスに残し、自分の弟であるヘンリーに預けて面倒を見させたのである。ロルフは欲しいものを手に入れた。土地も、たばこ農園を続けるための資金も。父と息子は二度と会うことがなかった。

　対立があっても争わずに解決できると、ポカホンタスは信じていた。部族と入植者たちが仲よくやっていけるように、自分にできることはなんでもした。なのにその人生は、他人の思惑に操られたあげくに短く絶たれてしまう。欺瞞《ぎまん》と不潔がポカホンタスを殺した。「文明」とはよくいったものである。

ポカホンタスの息子、トマスは病気から回復して成長する。やがてヴァージニアに移住し、結婚して、娘をひとりもうけた。トマスがヴァージニアに着くころには、すでに父親は死んでいた。現在、ポカホンタスの子孫はイギリスとアメリカをはじめ世界中におよそ三〇〇万人いる。

◆ポカホンタスのいくつもの名前
・ポカホンタス……幼いころのあだ名。「おてんば娘」という意味
・マトアカ……本名。「白い羽」という意味
・アモヌート……儀式で用いられる神聖な名前
・レベッカ……イギリス人入植者から与えられた洗礼名。旧約聖書に出てくる、美しく健康な異国の娘の名にちなむ

◆監禁中のポカホンタス
ポカホンタスは拉致され、八〇キロあまり離れたヘンリコという入植地に連れてこられた。この町では生活の中心が宗教である。一日に二回、教会の礼拝に参加することが義務とされ、従わないと重い罰が下された。
・一回欠席……一週間食事なし

・二回欠席……むち打ちの刑
・何度も欠席……銃殺、絞殺、もしくは火あぶり

◆サミュエル・アーゴール船長

イギリス船の船長だったサミュエル・アーゴールは、ポカホンタスをだまして自分の船に乗せ、拉致した。

入植者たちが資金集めのためにポカホンタスをロンドンに行かせたときも、船の船長を務めたのはアーゴールだった。

そして、病《やまい》に冒されて死にかけているポカホンタスがヴァージニアに戻るときも、船長はアーゴールだった。船が大海原に乗りだす前に、ポカホンタスは亡くなった。

ジェームズ一世に謁見してポカホンタスが気づいたこと
・歯が何本も抜けおちている
・口いっぱいに頬張って品のない食べ方をする
・服を着替えない

- ひどく汗をかく
- 沐浴《もくよく》をしない
- 女性が好きではない

第８章
ガリレオ・ガリレイ
あらゆる病気に冒された大科学者

天文学者・物理学者
生-1564年２月15日、イタリア（ピサ）
没-1642年１月８日、イタリア（アルチェトリ）、享年77

部屋のなかで一番賢い男はガリレオである。誰もがそう思っていたし、自分でもわかっていた。たいていの人はろくに読み書きもできず、なんとか日々の食事にありつこうとしているだけなのに、ガリレオはといえば「落下する物体の速度はどれくらい？」とか「海で経度を計算するにはどうすればいい？」などと悩みながら歩いている。もちろん、その答えを導きだすのも自分だ。

ガリレオは地球が太陽のまわりを回っていると考えた。それはカトリック教会の教えに反するものであり、当時はそんな思想を抱いただけで死に値するとみなされる。ところが、ガリレオを死なせるのはそう簡単ではなかった。

ガリレオは二〇年間、イタリアの大学で数学の教授を務めた。そのころは教授と学生が一緒に暮らすのが普通である。この教授は、「氷はなぜ葡萄酒に浮くのか」というような愉快な課題を学生に出しては、その実験結果を飲みほした。砲弾を的確に命中させるために、軍事用のコンパスも発明している。ガリレオは大学の大物であり、やがては世界中にその名をとどろかせて「近代科学の父」と呼ばれるようになる。

ガリレオは実際に三人の子の父にもなった。ただし正式な結婚ではなく、子どもたちの母親も若くして亡くなっている。父はふたりの娘を修道院へ送り、ひとり息子は法律の学校に行かせた。

一六世紀には長生きをする者などいない。三五歳を迎えられたら運がいいといわれた。いろいろな疫病に天然痘、想像を絶する悪夢のような病《やまい》の数々。医者にはどうすることもできず、人は蠅《はえ》のように次々と死んだ。

ガリレオは四五歳になってから（もちろん同年代の仲間はすでにほとんどが旅立っている）望遠鏡の製作にとりかかる。最初はあまりうまくいかず、紙を丸めて覗くのと大差がなかったが、改良を重ねるうちに倍率二〇倍のものを完成させた。これなら現代のおもちゃ屋で売っているものと比べても見劣りがしない。ガリレオは望遠鏡を空に向け、そしていくつもの発見をした。

当時、木星の存在は誰もが知っていたが、それが四つの月を従えているのを見たのはガリレオが初めてである〔訳注　現在、木星の衛星は六〇個以上発見されている〕。さらには太陽の黒点も見つけた。こうしてさまざまな天体を観測するうち、ガリレオは何かが動いていることに気づく。私たちだ！　地球が太陽のまわりを回っているのである。

天体ならぬガリレオの体のなかでも何かが動いていた。腎結石である。石が尿の通り道をゆっくりと下りてくる痛さたるや、下腹部で小惑星が燃えているかのようだった。何がいけなかったかといえば、葡萄酒ばかり飲んで水を飲まないことである。そのころは水より葡萄酒のほうが安全だと考えられていた。さらには、燃える隕石が足先や膝にも現れる。こちらのほうは痛風のせいだ。手の指は変形し、節くれてねじれたかぎ爪のようになり、手の皮がむける。こればかりはどれだけ頭がよくても関係がない。風味づけとして葡萄酒に入っている鉛が毒であることも、葡萄酒の大樽に使われている金属から鉛がしみ出していることも、ガリレオは知らなかった。鉛入りの葡萄酒を大量に飲みつづける。おかげで頭痛がし、貧血にもなり、歯が腐った。

　太陽を中心にした宇宙について『二大世界体系にかんする対話』という本にまとめているときには、動くのもやっとという状態になっていた。下腹部の弱くなった筋肉のつなぎ目には穴があき、そこから腸が飛びでている。ヘルニアだ。穴をふさぐため、脱腸帯という重い鉄製の器具を毎日つけなくてはいけない。光に目を向ければ、かならずまわりに大きな丸いもやのようなものがかかり、そのもやのうしろにある物は何ひとつ見えなかった。これは目の炎症と、今でいう緑内障のせいである。

　これだけの不具合に見舞われながらも、ガリレオは書くのをやめなかった。だが内心では何を思っていたのだろう。宇宙の中心は太陽だと、最後に口にした男は火あぶりにされた。カトリック教会の警察ともいうべき検邪聖省《けんじゃせいしょう》の異端審問にかけられた結果である。教会と相容れない思想を抱く者は、誰であれ捜しだしてつかまえる権限が検邪聖省にはあった。そういう人間は異端者と呼ばれ、拷問や死刑に処せられることも珍しくない。

それでも一六三二年、ガリレオはついに本を発表する。それが不死への切符だと信じていた。

検邪聖省はガリレオを呼びだし、異端審問にかける。教会の教えに刃向かうなど何様のつもりだ、というわけである。

審問所に入ったとき、ガリレオは間違いなく部屋のなかで一番賢い男だった。とはいえ、そんなことが審問官の心に響くはずもないので、とぼけることにした。それでも審問官たちはガリレオが異端であると断じる。だがガリレオも馬鹿ではない。真実をより真実らしく見せるために死ぬことはないと思っていた。だから、みんなが聞きたがっている言葉をいってあげた。「すみません、撤回します」

おかげで死刑はまぬかれたものの、終身刑の判決が下される。ガリレオは当時すでに六九歳。その姿は、生きているというよりは死んでいるのに近い。審問官たちはすぐに刑を減じ、この老人を別荘に移して自宅軟禁にした。

科学を学ぶ若い学生が昔のようにやってきて、ガリレオはまた研究を始める。やがて完全に失明し、どこもかしこも痛むようになって、弟子たちに椅子ごと運んでもらわなくてはならなくなったが、それでも研究をやめなかった。ガリレオは判決後も八年あまり生きた。

そしてついに鉛中毒がこの男をとらえる。一六四二年一月八日、ガリレオはイタリアのアルチェトリで腎不全に斃《たお》れた。七七歳だった。人生を二回分生きたといっていい。

異端者とされたために、ガリレオには盛大な葬儀が許されなかった。遺体はフィレンツェのサンタクローチェ教会に運ばれ、物置程度しかない小さな部屋に葬られた。九五年後、科学の世界はガリレオに追いつき、その亡骸は聖堂内の大きな大理石の墓に移される。その際、ガリレオを賛美する者たちが脊椎骨一個、歯一本、右手の指三本をもち去っていた。

現在、ガリレオの中指はフィレンツェのガリレオ博物館（旧科学史研究所博物館）に展示され、その台座にはこんな文字が刻まれている。「この指は、かの輝かしき手の一部として空を駆け、広大な空間を指差し、新しき星々を突きとめ……」星を指差すなら人差し指を使ったのではないだろうか。中指は異端審問官に向けてつき出すためにとっておいたのだ。

一九九二年、カトリック教会はガリレオ裁判の誤りを認めてようやく正式に謝罪した。死後三五〇年が過ぎていた。

◆なくなった指、脊椎骨、歯の行方

一七三七年にガリレオの遺体が大きな墓に移されたとき、手の指三本、脊椎骨一個、歯一本がもち去られた。
・指のうち一本はフィレンツェのガリレオ博物館に展示されている
・脊椎骨はイタリアのパドヴァ大学に保管されている
・指二本と歯一本は、さるイタリア人侯爵が所有していたが、一九〇五年ごろに行方不明になっていた。二〇〇九年、正体がわからないままに二本の指と一本の歯がオークションにかけられて落札され、のちにそれがガリレオのものだとわかった

◆鉛中毒

鉛中毒になると、激しい腹痛や精神障害が起きる場合がある。
鉛中毒の原因
・食器類や調理用品の表面に塗られた鉛の釉薬《ゆうやく》（うわぐすり）
・鉛クリスタルガラス製のデカンター
・鉛が使われている大樽に入ったワイン
・甘味料や防腐剤としてワインなどの飲食物に添加された鉛

◆異端審問

異端審問は、異端者を見つけて罰するためにカトリック教会が始めた制度である。教会の教えにたてつく者は誰であれ異端とされた。

一二三一年、異端者を審議するために特別な法廷が設けられた。一五四二年には検邪聖省が異端審問を担当するようになる。異端審問はおもにフランス、ドイツ、イタリア、スペインで行なわれた。ドミニコ会やフランシスコ会の修道士が審問官を務めている。

審問官はたびたび職権を乱用し、投獄、拷問、火刑を実施した。人々は何世紀ものあいだ命の危険におびえながら暮らした。

第９章

ヴォルフガング・アマデウス・モーツァルト

死の床で死者の曲を書いた音楽家

音楽家・作曲家

生-1756年１月27日、オーストリア（ザルツブルク）

没-1791年12月５日、オーストリア（ウィーン）、享年35

モーツァルトは黄金の耳と魔法の指をもっていた。幼いころから音楽を一度聞いただけで、寸分たがわずに弾きなおすことができる。足が床に届いてもいないのに素晴らしい演奏をするというので、人はこの神童のピアノに法外な金を払った。モーツァルトの父親は評判に気をよくし、息子に四年間の演奏旅行を行なわせて、マリー・アントワネットやジョージ三世といった面々の前で腕前を披露させた。すべて少年が一〇歳になる前の話である。のちには作曲家として、才能あふれる指でいくつもの楽器から無数のメロディをつむぎ出す。そして、病気になったときに一番先にだめになったのもその指だった。

天才少年は家計を大いに助けた。一家は豪華な服や七頭立ての馬車を買って、町の上流階級が住む区画に移る。父親は息子の練習風景を見せるのにも料金を取った。モーツァルトは来る日も来る日も一日中ピアノを弾く。しかし、内気で頭でっかちな十代の若者に成長すると、演奏の仕事は途絶える。相変わらずすぐ泣き、下品な冗談を愛してはいたが、可愛らしい神童として大金を稼いだ日々は明らかに終わりを告げていた。父親としてはおもしろくない。

モーツァルトはザルツブルク宮廷でコンサートマスターとなり、貴族の子女に音楽を教える。だが報酬は少ない。二十代でウィーンに移るが、皇帝ヨーゼフ二世は雇ってくれない。生活のため、宮廷の舞踏会向けに舞踏曲を書く。でも本当につくりたかったのは、ソナタとか交響曲とか、椅子に座って聞くような大作だった。あいにく、そういう音楽ではモーツァルトの派手な暮らしぶりを支えることができない。だから働きに働き、何もかもをすさまじい速さで作曲した。練りなおしや修正などいっさいなし。『魔笛』『フィガロの結婚』『ドン・ジョヴァンニ』といった有名なオペラでさえそうである。その一方で、買い物をし、自分を着飾り、倒れるまでパーティーを楽しんでもいた。

モーツァルトはコンスタンツェ・ヴェーバーと結婚する。コンスタンツェは音楽一家の出だったので、才能ある男をひと目で見抜いた。六人の子どもが生まれたが、成人したのはふたりしかいない。

暮らし向きが苦しくなると、モーツァルトは妻の銀製品や装身具を売ってわずかな現金に換えた。どうにか生活を続けてはいたものの、その音楽は先を行きすぎていて時代と相容れず、しまいには食べる物にも事欠くようになる。

それまでもよくのどは痛んだ。だが、しだいに肩や腰や、膝や指の関節も腫れてひどく痛むようになり、体が動かせなくなった。どこが悪いのか、誰にもわからない。ヒルを使って関節から血を吸わせる治療も試した。当時は、体に悪い血が溜まると病気になると信じられていたからである。痛む関節の毛を剃って、そこを針で突く。

それからカップに入れておいたヒルを出し、膝やひじに取りつかせて血を吸わせる。

何時間かたって十分に血を吸うと、ヒルは自分で皮膚から落ちる。

ある日、見知らぬ使者が現れて、モーツァルトにレクイエム（死者のための鎮魂曲）の作曲を依頼した。誰のために捧げるのかは明かさない。だが報酬がよかったので、モーツァルトはこの話に飛びついた。

レクイエムに取りくむうち、体が徐々に弱っていく。まるで自分のためにレクイエムを書いているような不気味な感覚にとらわれた。皮膚に赤い発疹ができはじめたとき、「誰かが自分を毒殺しようとしている」と漏らした。

医者の診断は「重度の粟粒熱《ぞくりゆうねつ》」。どこもかしこもだめになっているときによく使われた病名である。粟粒熱は、感情が激しすぎたり、すももや胡瓜《きゆうり》を食べすぎたりすると起きるといわれていた。医師たちは、温めたテレピン油に蠟《ろう》を混ぜ、ツチハンミョウという虫の粉と芥子《からし》も加えて、それを体に塗る。皮膚には水ぶくれができた。なんとも悲惨な光景である。

モーツァルトの両手は腫れあがる。美しい音楽をつむいでいた指は、一〇本の太すぎるソーセージに変わった。モーツァルトは寝ついた。

しばらくすると嘔吐を始め、熱がはね上がって発疹がひどくなる。全身が風船のようにふくれて、体を起こしていることができない。ベッドの背に苦しげにもたれかかる。指も腫れているので、ペンをもつのもままならない。それでもレクイエムのメロディを口ずさみ、手でリズムを刻んで、それを助手が五線譜に書きうつした。

　人間の腐っていくにおいがアパートの部屋にこもる。モーツァルトが「口のなかに死の味がする」とつぶやいたとき、誰かが慌てて司祭を呼びにいった。しかし、教会のための音楽をあまり書いてこなかったせいか、司祭は現れない。

　次に医者を捜し、劇場にいるのを見つけるが、劇が終わるまで待てといわれる。医者にはわかっていた。モーツァルトはいつあの世に行ってもおかしくない。そんな場面に居合わせるのはごめんである。不世出の天才を救えなかった医者、などという烙印を押されては商売上がったりだ。

　医者はさんざん遠回りをしたあげくに、ようやく顔を出した。布に冷水と酢をしみこませ、病人の額に当てる。モーツァルトは身震いし、腹のなかのものをあたり一面に吐きちらした。そして、二時間後に動かなくなった。モーツァルトの予感は当たっていたといっていい。本当に自分のためのレクイエムを書いていたのである。コンスタンツェは夫のベッドに飛びこみ、自分も同じ病気にかかって死のうとしたが、果たせなかった。

　モーツァルトが病《やまい》に臥《ふ》していたのはわずか一五日。この男は死ぬときまで速かった。

モーツァルトの命を奪った病気は、まず連鎖球菌によるのどの感染症から始まったと見られている。やがて菌が血液や関節に入りこみ、最終的には腎不全につながった。最後のレクイエムは未完のまま終わり、モーツァルト自身の人生も老境に達することなく未完に終わる。

モーツァルトは一七九一年一二月五日、オーストリアのウィーンで生涯を閉じた。まだ三五歳だった。遺体がやけに臭かったため、解剖は行なわれていない。皮膚も普通の死人のように硬くなく、異様に柔らかかった。

聖堂でささやかな集まりが開かれたあと、モーツァルトの棺は荷馬車に引かれて五キロほど離れたサンクト・マルクス墓地に運ばれた。墓地までつき従った者はいない。当時は埋葬に立ちあう習慣がなかったからである。

墓地で遺体を棺からとり出し（棺はくり返し使う）、袋に入れ、速く腐るように生《せい》石灰《せっかい》をかける。墓に入ったのはその夜か、はたまたあくる日の朝か。いずれにせよ共同の墓穴なので、気の毒な死体があと五、六個そろうのを待って一緒に埋められた。墓には墓石がない。墓石を立てることを皇帝が禁じていたためである。そして……おしまい。王族か大金持ちでないかぎり、安価で清潔な遺体袋で埋葬すべしと法律で定められていて、たいていの人はこうして葬られた。

コンスタンツェは一七年間モーツァルトの墓を訪れなかった（墓参りも当時の習慣

にはない）。ようやく墓地に足を運んだときには、どこに埋められているかがわからなかった。かつての埋葬人はすでに亡くなっていたし、どのみち共同墓穴の腐った死体は七年ごとに片づけられて、新たな埋葬に備える仕組みになっていた。

連鎖球菌によるのどの感染症は、今なら抗生物質で治る。不幸にも、モーツァルトが死んだのは抗生物質が発見される一四〇年近く前だった。

◆ヒル療法

ヒルはナメクジに似た虫で、動物の血液を吸う。ヒル療法とは、ヒルを使って体から「悪い血」を吸いださせる治療法をいう。

ヒル療法をうまく行なうための手順

一．健康なヒルを選ぶ
二．ヒルをビールに浸す〔訳注　こうすると血をよく吸うようになるといわれた〕
三．ヒルに吸いつかせたい場所に、血をなすりつける
四．ヒルをカップに入れ、それを皮膚の上で逆さにする
五．ヒルが別の場所に這っていかないようにする
六．ヒルが自分で落ちるまで待つ。無理に引きはがそうとすると、ヒルのあごが

皮膚に引っかかり、感染症や大量出血につながるおそれがある

七．醜い痕が残るので、顔や首には絶対に行なわない。まぶたがヒルに吸われると、一生色が変わったままになる

適量

・大人ひとりにつきヒル一五～二〇匹
・五歳以下の子どもには三～六匹
・乳児には一匹とするが、それでも命にかかわる場合がある

ヒルに咬まれたあとで出血が止まらなくなることがある。これはとりわけ子どもにとって危険である。

◆ゴミとともに去りぬ

・モーツァルトの未亡人、コンスタンツェは、亡夫の未完の楽譜を多数処分してしまった
・ベートーヴェンの秘書は、ベートーヴェンが筆談に使ったノート四〇〇冊のう

ち二六〇冊を捨ててしまった

- ジョージ・ワシントンの妻のマーサは、互いに交わした恋文をほぼすべて燃やしてしまった
- クリストファー・コロンブスの遺族は、残された地図や海図をすべて売りはらってしまった

第10章

マリー・アントワネット
首と胴が切りはなされた王妃

フランス王妃
生-1755年11月２日、オーストリア（ウィーン）
没-1793年10月16日、フランス（パリ）、享年37

オーストリアのマリア・アントーニアは並みの王族ではない。皇帝の娘として名門のハプスブルク家に生まれ、父母《ちちはは》双方の家系をたどれば歴代の神聖ローマ皇帝やスコットランドのメアリー女王なども名を連ねる。マリアは王女にふさわしい作法やふるまいを教えこまれ、難しいことは何も考えないように育てられた。美しく着飾って、子を産みさえすればよかったからである。一〇人の姉たちと同じように、いずれは遠い異国の王族に嫁ぐ定めだった。それもこれもハプスブルク家の血筋を絶やさないため。「殺すな、われらは姻戚《いんせき》関係ではないか」という外交術の駒というわけである。結局、この王女の人生にはフランス王妃という仕事が割りふられる。フランス人が望んだものはマリアの体に流れる子だくさんの血。だが、最後にはその首だけが求められることになった。

一四歳のとき、もう子を産める年齢だというので、マリアは馬車に乗せられてフランスへと旅立った。一五歳の王太子、ルイ・オーギュストのもとへ輿入《こしい》れするためである。馬車がフランスとの国境まで来ると、オーストリアからの品々はすべてそこに置いていかされた。身につけていたものは何から何まで脱ぎすててフランスのものに着替え、愛犬のモップス（ドイツ語でパグ犬のこと）はもちろん、自分の名前さえももっていくことはできない。こうしてマリアはすっかり変身させられ、フランス人のマリー・アントワネットが誕生した。

夫は理想の王子様とはいえなかったが、王太子妃は五〇〇人の召使にかしずかれてヴェルサイユ宮殿で暮らしはじめる。ただし、どれだけ召使がいても手伝えないのが子づくりだ。自分の体をどう使うかは本人の勝手であるし、当のマリーは母親になる心構えなど少しももちあわせていなかった。盛大なパーティーは開く、靴は買いあさる、賭博にはふける。おまけに髪は高々と結いあげておかしな形にする。夫は夫で錠前づくりと狩りに明けくれ、妻に興味を示さない。

マリーの母である女帝マリア・テレジアは、もう容色が衰えてきているから早く子どもをつくりなさいと、一五歳の新妻をいさめた。

一七七四年、夫がフランス王ルイ一六世として即位し、マリーは王妃となる。フランス国民は仕事も食べる物もなく、激しい憎しみの矛先を王妃に向けはじめていた。

国王夫妻の夫婦生活が実体を伴うには七年と三か月かかった。ふたりのあいだには四人の子が生まれるが、そのうちふたりは幼くして亡くなる。やがて一七八九年にフランス革命が勃発し、王政は崩壊した。せっかく世継ぎに恵まれたというのに、国民はもう王を望まない。民衆は自由と平等を求め、それを手にするためにほうぼうで人を殺していた。

マリー・アントワネットは家族とともにとらえられて捕虜となる。もしも市中にいたら暴徒に八つ裂きにされていただろうから、そのほうがまだましだったかもしれない。しばらくして夫のルイ一六世は断頭台の露と消える。一七九三年一月のことだった。

この断頭台は「ギロチン」と呼ばれ、首を斬るための最新式の道具である。それまでは台に頭を乗せ、斧を打ちおろしていた。考案したギロチン博士いわく、「仕掛けは目にも留まらぬ速さで落下し、首は飛び、血しぶきがあがり……」。たしかにその血しぶきのせいで、道が濡れてすべるほどだった。「いささかの痛みも与えない」と博士は胸を張っていたが、ときには落ちた首がまばたきをしたり、そばにあるものに咬みついたりする事件も起きている。

やがてマリーはふたりの子どもとひき離され、悲嘆に暮れる。体の具合が悪そうなことは誰の目にも明らかだったが、結局は牢獄に入れられた。すでに髪は白くなり、関節が腫れて痛む。たびたび引きつけを起こし、気を失うこともあった。追いうちをかけるように子宮がんらしき症状まで現れる。

看守の妻とその女中はマリーを気の毒に思い、レース飾りのついた枕や上質のシーツを差しいれ、多少なりともまともな食事を運んできた。また、花を届けたり、髪に毎日リボンを結んでやったり、セーヌ川の汚れた水のかわりにきれいな泉の水を与えたりもした。ところが看守夫妻は、マリーの脱獄に手を貸そうとしたとして逮捕されてしまう。

後任の看守はいっさい情《じょう》を見せなかった。どこかで子どもたちが寒い思いをしているはずだから靴下を編んでやりたいと訴えても、編み針はとがっているので武器になる、とにべもない。しかたなくマリーは壁布の繊維を引きぬき、ありあわせの道具を使って靴下留めを編んだ。

裁判にひき出されると法廷には人がひしめき、あざけりの声が渦巻いていた。王妃だったことをしのばせるものがマリーに残っているとすれば、それは殺意に満ちた群衆の前でも落ちつきを失わない立ち居ふるまいだけだった。惨めな姿が誰からも見えるようにと、マリーはわざわざ一段高いところに座らされる。裁判を前に弁護人に与えられた準備期間はわずか一日。だが、じつのところ準備などいらなかったのだ。被告の運命はとうに決まっていたのだから。国民を結束させるためには、王妃の処刑という公《おおやけ》の暴力が必要だったのだろう。

フランスをむしばんできた数々の問題はみな王妃のせいであり、しかもこの女はそもそもフランス人ですらない、というわけである。

処刑の日、マリーは白い服を着て黒い絹の靴下を穿《は》き、手づくりの靴下留めをつけた。足には、古き良き時代に愛用した紫色の靴。五センチのかかとがついている。マリーは髪を短く切られ、うしろ手に縛られたまま荷馬車に乗せられて、興奮した群衆のなかを一時間以上も引きまわされた。

マリーは紫の靴で断頭台に上がる。落ちつきはらい、いささかもとり乱すことなく。そして、首が斬りおとされた。

マリー・アントワネットは一七九三年一〇月一六日にパリで生涯を終える。まだ三七歳だった。ほどなく首と胴体が近くの墓地に運ばれ、草むらに放りだされる。墓掘り人はちょうど昼休みの最中だった。おかげで有名な蠟人形作家のマダム・タッソーは、埋められる前のマリーの顔に蠟を塗ってデスマスクをつくることができた。

王妃が死んだからといって何かが終わるわけではない。これはジャコバン派による恐怖政治の幕あけにすぎなかった。二万とも四万ともいわれる人々が二年のうちに殺され、その多くは王族と富裕階級だった。

一八一四年からつかのま王政が復活し、一八一五年に入ってマリー・アントワネットの墓が掘りかえされる。身元を確かめる決め手となったのは、処刑の日につけていた手づくりの靴下留めだった。亡骸は夫とともにサン・ドニ大聖堂に改葬されている。

マリー・アントワネットに子孫はいない。息子はギロチンこそまぬかれたが結核にかかり、マリーの死から二年後に獄中で一〇年の生涯を閉じた。娘は一七歳で自由の身になり、のちに結婚したものの、子に恵まれないまま七二歳で世を去った。

首を刎ねられる間際、マリーはあやまって執行人の足を踏んでしまう。そのとき顔を上げてこういった。「わざとではありませんのよ」。それが最後の言葉となった。悪気があってやったのではないというそのひと言が、マリー・アントワネットの人生すべてをいい表している。

◆ギロチン
ギロチンは首を斬るための道具であり、考案者であるフランス人のギロチン（フランス語読みではギヨタン）博士にちなんで名づけられた。
・初執行……一七九二年四月二五日
・最終執行……一九七七年九月一〇日
・平均的な高さ……約四・三メートル
・刃の重さ……約四〇キロ
・刃の落下速度……秒速約六・四メートル
・首を斬るのにかかる時間……〇・〇二秒
・首を斬られただけでは脳は死なない。長ければ一三秒程度は生きているが、やがて酸素欠乏で死ぬ。意識は、血圧がなくなるために斬られた瞬間に消える

◆マリー・アントワネットの髪型

マリー・アントワネットはプーフと呼ばれる髪型を好んだ。なかに芯を入れて、高々と髪を結いあげるものであり、高さが一メートル近くになることもあった。芯は針金、布、ガーゼ、馬の毛などでできている。結いあげたら髪に粉を振りかけ、流行《はや》りの出来事や気分を表現した手のこんだ小物細工を飾りつけた。

プーフにすると……

・芯は洗えないので、蜘蛛《くも》、鼠《ねずみ》、虫などの恰好の巣となる
・むずがゆいうえに、踊りにくくもなる
・座ったまま眠らなければならない
・馬車の天井につかえるので、床にかがむか、窓から頭を出さねばならない

◆有名な最後の言葉

・「ひとときの時間が得られるなら、もてるものすべてを差しだすのに」——エリザベス一世（イングランド女王）
・「死にかけていると、何事も簡単にはできないのだよ」——ベンジャミン・フランクリン（アメリカの政治家・科学者）

・「それでよい」――ジョージ・ワシントン（初代アメリカ合衆国大統領）
・「まだトマス・ジェファーソンが生きている」――ジョン・アダムズ（第二代アメリカ合衆国大統領）〔訳注　実際にはジェファーソンは同じ日の数時間前に亡くなっていた〕
・「テントをたため」――ロバート・E・リー（アメリカ南北戦争時の南軍総司令官）
・「なかに入らなくては、霧が出てきたから」――エミリー・ディキンソン（アメリカの詩人）
・「さよなら……もしまた会えたら……」――マーク・トウェイン（アメリカの小説家）
・「向こうはとても美しいよ」――トマス・エジソン（アメリカの発明家）
・「KHAQQからアイタスカ号へ。当機はそちらの上方にいるはずですが、そちらが見えません。燃料が少なくなってきました」――アメリア・イアハート（アメリカの女性飛行家）
・「ひどく頭が痛い」――フランクリン・デラノ・ルーズヴェルト（第三二代アメリカ合衆国大統領）
・「何もかもうんざりだ」――サー・ウィンストン・チャーチル（イギリスの政

治家・元首相）
●「皆さん落ちついて、ここは平和な場所です」——マルコム・エックス（アメリカの黒人公民権運動活動家）
●「私のために飲んでくれ。私の健康のために飲んでくれ。だって私はもう飲めないからね」——パブロ・ピカソ（スペインの画家）

第11章

ジョージ・ワシントン
血と水を抜かれて干上がった建国の父

初代アメリカ合衆国大統領
生-1732年２月22日、アメリカ
（ヴァージニア植民地ウェストモアランド郡）
没-1799年12月14日、アメリカ（ヴァージニア州
マウントヴァーノン）、享年67

一ドル紙幣に描かれたジョージ・ワシントンの顔をよく見てほしい。固く閉じられた唇の向こうには、歯が一本もなかった。この男は身の丈一九〇センチもありながら、かなり狭い場所の痛みに何十年も苦しめられていた。口のなかである。歯が腐って何本も抜かなくてはならなかったのがひとつ。ほかにも膿瘍などといった恐ろしげなものがいろいろとできたために、切開したりとり除いたり、別の手荒な方法で処置したりしなければならなかった。ペンチをもっていれば誰でもワシントンの担当歯科医になれ、痛み止めもないままに仕事をする。鎮痛剤はまだ発明されていない。ワシントンは一度も泣き言をいわなかったものの、そうとうに痛かったことだろう。そして人生の終わりにワシントンの命を奪ったのも、やはり口のなかの災いだった。

ワシントンは一七三二年、ヴァージニアに生まれる。当時のヴァージニアはまだイギリスの植民地だったが、ワシントンは農園を経営してこの土地を大事にした。やがて大陸軍の総司令官となってイギリスに反旗をひるがえし、一三植民地に別れを告げてアメリカ合衆国を誕生させた。イギリスに二度とよけいな口出しをさせないよう見事な手を打ったため、その手腕を買われて新国家の大統領に選ばれる。新しい国には、立法・行政・司法という三つの部門に分かれた政府と、あらゆる自由があった。ワシントンは誰からも好かれたので、その気になればいくらでも大統領の椅子にとどまれただろう。しかし、それでは王様と同じになってしまうし、農園の仕事に戻りたくもあった。

　ワシントンは人生のほとんどを総入れ歯で過ごした。その入れ歯はなんとも気味が悪く、とある博物館に展示されている。眺めていると誰もがハロウィンの仮装を思いうかべる。ワシントンにとって、それが口に押しこまれた状態では何をするのも難儀だった。離乳食のように柔らかくすりつぶしたものを食べ、かならず口を閉じたまま笑う。二期目の就任演説が一三五語しかなかったのも無理はなく、その理由を考えるのに脳科学をもち出すまでもない。妻のマーサにキスするときはというと……さて、どうしていたのか。ふたりに子どもはいなかった。だが、怪しまれたとしても詮索されることはなかったし、どのみちアメリカの父と呼ばれることになった。

　一七九七年、大統領を八年務めてようやくワシントンは農園に帰る。しかし、口のなかが厄介なことになるのにさほど時間はかからなかった。

　一七九九年一二月一四日の朝、ワシントンは体が猛烈に熱くて目を覚まし、息苦しさにあえいだ。マーサと秘書のトビアス・リアはすぐさま医者を呼びにやる。もっともそれは言葉でいうほど簡単ではない。なにしろ電話が登場するのは七五年ほど先、家の前に車が停まっているようになるのは一〇〇年先のことである。医者を呼びにやるには誰かが馬に飛びのり、クレイク医師が住むアレキサンドリアまで一三キロ近い砂利道を駆けていかねばならない。

ワシントンが息をしやすくなるようにと、リアは糖蜜に酢とバターを混ぜて飲ませる。気つけ薬も布にしみこませて首に巻いた。効かない。ワシントンの状態は刻々と悪くなっていく。

リアは農園の監督をしているローリンズ氏に手助けを求める。ふたりはワシントンに指示されるまま、誰もが当然と思うことをした。先のとがった両刃《もろは》のナイフをとり出し、ワシントンの腕を深々と切りつけ、血を流させて鉢に受けたのである。こうして〇・二リットルばかり血液を抜きとった。

これは瀉血《しゃけつ》と呼ばれ、病気の治療法として古くから用いられている。悪い血が溜まって体のなかによどんだら、外に出してやる必要があると信じられていたためだ。ただし、見落とされている点がある。ひとつ、これをやると痛いこと。ふたつ、患者の気分がよけいに悪くなることだ。そこに長らく誰も気づかなかったらしく、二〇世紀の初めになってようやく医者は瀉血をやめた。

数時間後にクレイク医師が駆けつけたとき、ワシントンはひと息吸うのもやっとという様子だった。クレイクは進んだ医学を身につけていたので、ツチハンミョウの治療を試すことにする。ツチハンミョウというのは強い毒をもつ甲虫であり、それを乾かして粉にしたものをワシントンの首に塗った。こうすると首一面に血ぶくれのようなものができるので、そこから血を抜くわけである。

さらにふたりの医者が現れて患者を調べる。どんな場合でも、セカンドオピニオンやサードオピニオンを聞くのはいいことだ。すでにワシントンは死んでいるも同然だった。話すことができず、よだれが止まらない。三人の医師はもてる知識を総動員して、ツチハンミョウをもう一回、十分な量の瀉血をもう一回行なうことにした。

来てくれてありがたいかぎりである。

一七九九年の医学は、なんの問題もない日であっても博打《ばくち》と変わらない。ワシントンに施したのは当時としては最善の医療だとはいえ、医者の鞄《かばん》のなかに舌圧子《ぜつあつし》（口やのどを検査するときに舌を押さえておく道具）はおろか体温計すら入っていない状態では、どこが悪いのかを診断するなどまず無理だ。まして治し方がわかるはずもない。

まるで目の見えない三匹の鼠が迷路に入り、同じ袋小路に何度も何度も突きあたるように、医者たちは瀉血をくり返し、ワシントンの体から二・四リットルほどの血を抜いた。成人男性の体内には五・七リットルくらいしか血液がない。ただでさえワシントンは明け方から少しずつ窒息していたようなものなのに、酸素を運ぶ血液をこれだけ大量に奪うのはとてつもない誤りだった。

医師たちはさらに過酷な治療を試す。甘汞《かんこう》と呼ばれる下剤（塩化水銀）を与え、吐《と》酒石《しゅせき》（酒石酸アンチモニルカリウム）で嘔吐を促したのである。このふたつにより、ワシントンの腹のなかのものはひとつ残らず一直線に最寄りの出口を求めた。もちろん一七九九年にトイレなどというものはないので、上からにせよ下からにせよ急を要するものはベッド脇の容器に出すしかない。

日が沈むころ、ワシントンの体のなかは空《から》になっていた。医師たちに懇願する。

「もう構わないでくれ。静かに逝《い》かせてほしい。長くはないから」

だが三人は諦めない。ツチハンミョウをさらに何度か試みたあと、小麦ふすまの湿布で両足を覆いつくして、体に残された液体の最後の一滴を吸いとった。

その日、一七九九年一二月一四日の夜にワシントンは冷たくなる。六七歳だった。大きな体のなかの小さな土地が菌に感染したことが、ワシントンの命を終わらせた。原因はおそらく喉頭蓋炎《こうとうがいえん》だったと見られている。喉頭蓋とは舌のうしろのほうについた蓋のような突起のことで、食べ物が気管に入るのを防ぐ役目をしている。

今なら抗生物質を飲むだけで治っただろう。

◆瀉血

瀉血とは、ナイフで静脈を切開して「悪い血」を体の外に出すことをいう。

瀉血の際にすべきこと

- 鋭利で清潔なナイフを用いる。汚れたナイフは炎症や死につながりかねない
- ひじの内側の一番太い静脈を選ぶ
- ナイフは慎重に狙いを定める
- 適切な位置に容器を置いて血液を受ける

瀉血の際にしてはならないこと

- 神経を傷つけないこと（避けるのが難しいくらいたくさんあるとはいえ）
- 患者を血まみれにしないこと。シーツも血まみれにしないこと
- 汗で汚れた指で傷口を触らないこと。膿瘍ができて腕全体が損なわれ、短期間で死に至るおそれもある

家で試さないように！

◆アメリカ合衆国大統領の死に関するデータ

五代目までの大統領のうち、三人が独立記念日の七月四日に亡くなっている。

・第二代大統領ジョン・アダムズ……一八二六年七月四日
・第三代大統領トマス・ジェファーソン……一八二六年七月四日
・第五代大統領ジェームズ・モンロー……一八三一年七月四日

任期中に亡くなった大統領
ウィリアム・H・ハリソン（第九代）、ザカリー・テイラー（第一二代）、エイブラハム・リンカーン（第一六代）、ジェームズ・A・ガーフィールド（第二〇代）、ウィリアム・マッキンリー（第二五代）、ウォレン・G・ハーディング（第二九代）、フランクリン・D・ルーズヴェルト（第三二代）、ジョン・F・ケネディ（第三五代）

◆アメリカ紙幣の顔
・一ドル……ジョージ・ワシントン
・二ドル……トマス・ジェファーソン
・五ドル……エイブラハム・リンカーン
・一〇ドル……アレクサンダー・ハミルトン（合衆国建国の父のひとり）
・二〇ドル……アンドリュー・ジャクソン（第七代大統領）

・五〇ドル……ユリシーズ・S・グラント（第一八代大統領）
・一〇〇ドル……ベンジャミン・フランクリン（アメリカの政治家・科学者）

◆ジョージ・ワシントンが手本にした規則

ワシントンは十代のころ、『交際と会話における礼儀作法』という本から一一〇個の規則を書きうつしている。いくつか紹介しよう。

・規則その一二……頭や足を揺すらない、呆れ顔で目を上に向けない、片方の眉をもう片方より高く上げない、口をゆがめない、話すときに相手に近づきすぎて顔につばを飛ばさない
・規則その一四……人に背を向けない、相手が話をしているときはとくにそれをやらない、人が読み書きをしているテーブルや机を動かさない、人に寄りかからない
・規則その五三……通りを走らない、ゆっくり歩きすぎない、口をあけたまま歩かない、腕を振りまわしながら歩かない、地面を蹴らない、爪先立って歩かない、踊りながら歩かない
・規則その七〇……人の欠点をとがめない。それは親や主人や、目上の者の仕事である

・規則その九五……肉をナイフで突きさして口に運ばない、皿にフルーツパイの種を吐かない、食卓の下に何かを捨てない

第12章

ナポレオン・ボナパルト

胃痛としゃっくりが止まらなかった皇帝

フランス皇帝

生-1769年 8 月15日、フランス（コルシカ島）

没-1821年 5 月 5 日、イギリス領セントヘレナ島、享年51

ナポレオンがフランスの皇帝になったのは、王族だったからではない。なりたかったからなった。革命後のフランスを治める者が誰もいなかったので、それでは自分がこの国をいただこう、となったわけである。外交術に長《た》けてなどいなくても問題はない。どちらが上かをわからせるのに、庭先で砲弾を炸裂させることほど物をいう作戦はないではないか。

ナポレオンの有名な肖像画を見ると、上着のボタンのあいだから手を差しいれたポーズが多い。異国に攻めいるだけあって、いかにも雄々しい姿である。だがこれは、ただ自分の最大の弱点をかばっているにすぎなかった。弱点とは胃である。ナポレオンの命を奪ったものは、まさにその手の下で大きくなっていた。

ナポレオンは九歳で陸軍学校に入学した。父親の知人につてがあったおかげである。あまもなく少年は、自分は将来こうなってみせるという鉄の意志を抱くようになる。あまり身長が伸びなくても、自分の能力を示すためにつねに奮闘しなくてはならなくても、使命につき動かされた男は強い。地図を読むのがうまいうえ、後方から襲撃する戦略も功を奏して、ナポレオンは世界で最も国盗《と》りゲームのうまい人物になった。イタリア、オーストリア、プロイセン（現ドイツ北部からポーランド西部にかけての地域）に加え、ほかの細々《こまごま》した国を次々と手中に収める。略奪を行ない、五〇〇万もの敵と味方を死なせて悪名を馳せたが、そんなことは毛ほども気にかけなかった。

ナポレオンは二度結婚している。だが、いつも戦場から戦場へと飛びまわり、家にいるときでさえ心ここにあらずだった。最初の妻のジョゼフィーヌはあまり寂しがらず、二番目の妻のマリー・ルイーズ（マリー・アントワネットの甥の娘）は幼いナポレオン二世の子育てに忙しかった。

イギリス、オーストリア、ロシア、プロイセンはナポレオンに我慢がならない。だから一八一四年、手を携えてパリを陥落させた。ナポレオンは退位を余儀なくされ、イタリアのエルバ島に流される。島など大嫌いだ。征服するようなものがろくにないし、ひとたびわが物にしてしまえばもうすることがない。ナポレオンは一年とたたぬうちに島を脱けだし、フランスに戻って帝位にかえり咲く。

しかしその一〇〇日後、イギリスとプロイセンの連合軍にワーテルローの戦いで敗れ、ふたたびとらえられた。次なる追放の地は、またもや島。七〇日の航海を経て到着したのは、南大西洋のまんなかに浮かぶ絶海の孤島、セントヘレナ島である。だがナポレオンはひとりではなかった。五隻の軍艦が周囲を巡回し、迷惑顔の英国兵が三〇〇〇人も護衛についている。兵士の多くは枕の下に紙と鉛筆を忍ばせ、いつか自分の回想録にナポレオンのことが書けるようにとメモを取るのに余念がなかった。

五年のあいだ何をするでもなく島で過ごし、人を殺すこともなかったせいか、ナポレオンはそうとうに脂肪をたくわえた。体は女性的になり、ふくよかな丸みを帯びている。もう誰もこの男の肖像画を描かなくなったのは不幸中の幸いだった。描いていたら、体形が洋梨のような老婦人の絵に見えたことだろう。毛という毛が（頭部を除いて）すべてなくなった。日差しのせいで頭痛がし、立っているのにも助けがいる。そのうえ、刺すように胃が痛んでいっこうに治らない。

さらには何日も何日もしゃっくりが続いた。愛嬌のある類《たぐい》のものではなく、おどかしてでも止めなければと周囲が焦るような危険なしゃっくりである。とはいえ、ナポレオンはそう簡単に驚いてくれる男ではなかったに違いない。

症状を改善しようと、医師たちはナポレオンの胃に化学兵器を用いることにした。これが激しい嘔吐の引き金を引く。続いて、爆発力の強い成分も気前よく調合した。これを飲めば一〇〇パーセントの確率で腸に爆弾が炸裂する。おかげでナポレオンの後方からは、これぞ新手《あらて》の「後方からの奇襲」といいたくなるようなものが現れる。それから数日のあいだ、一同にとっては不運なことに、ナポレオンは二、三時間おきに寝床で爆弾を落とす羽目になった。「目を見張る」ほどだったと伝えられている。

主治医たちが休憩をとるあいだも、ナポレオンの従僕たちはシーツを換えつづける。それから部屋をひそかに抜けだし、一部始終をメモにしたためた。

ナポレオンの容体は悪くなる。命をおびやかす原因を体の外に追いだそうと、医師たちはナポレオンの太ももや腹に水ぶくれを起こさせることにする。ツチハンミョウの粉に、蜜蠟《みつろう》や松脂《まつやに》、それに羊の脂肪も混ぜて塗りつけた。次々と興味深い状況が起きるので、蠅が引きよせられてくる。今や蠅を主人の体から叩きおとすことが、忙しい従僕の仕事に加わった。たまらず病人を蚊帳《かや》のなかに入れる。

最後の日、ナポレオンは気がふれたように笑い、黒い物を吐きだした。医師たちは両方の足先、胸、片方のふくらはぎに水ぶくれを起こさせる。ナポレオンは白目をむいた。セ・フィニ（それでおしまい）。ご臨終である。一八二一年五月五日、五一歳だった。

ナポレオンの体はコロン水で洗われたあと、軍用の簡易ベッドに横たえられた。「国に帰れるぞ！」という叫びがまたたくまに島を駆けめぐる。三〇〇〇人の兵士は荷づくりを始めた。

翌朝、ナポレオンの遺体の有名な絵が描かれる。従僕のひとりも負けじとスケッチをし、悲しみを装う自分を一番目立つ場所に配置した。そのあとでナポレオンの遺品のなかから、自分が当然もらってしかるべきと思うものをもっていった。グラスとペンである。

医師たちは解剖を行なうため、まず胸を開く。心などもたないかに思われたが、意外にも心臓はたしかにあった。切りとって瓶に入れる。それから死因を突きとめた。胃にがん性の潰瘍ができていたのである〔訳注　ナポレオンの死をめぐっては毒殺説などもあり、直接の死因については異論があるものの、がん性の胃潰瘍ができていたことは事実である〕。何枚もの肖像画のなかで手を当てていたあの場所だ。最後に遺体を元どおり縫いあわせる。従僕は解剖に使われた血まみれのシーツをはがし、切って形見の品にした。また、あとで額縁やメダイヨン（写真などを入れられるペンダント）に納められるようにと、ナポレオンの髪の毛もすべて切りとった。

　盛大な葬儀と礼砲のあと、かつての皇帝は木の下に埋葬される。従僕はその木の枝も形見として折った。三〇〇〇人の兵士が通りに並んでいたが、死者に敬意を表するためではない。島を出る最初の船に乗りこもうと列をつくっていた。従僕は形見の品々をトランク三つに詰めこみ、鉛で封印をしてもち帰った。

　ナポレオンの死後一九年を経て、イギリスはナポレオンの遺体がフランスに戻ることを許す。セントヘレナに来た一行はまず棺をすばやく覗きこみ、まだ死んでいるかどうかを確かめたという。亡骸はパリに戻り、英雄にふさわしい装飾の墓に今は眠っている。ただ、けっして英雄と呼ばれるような人物ではなかった。

　ナポレオンは生前、自分の心臓《ハート》を妻のマリーに送りとどけてほしいといい遺《のこ》していた。だが、この男が生きているあいだもそうだったように、マリーが受けとることはついぞなかった。

◆史上初の救急車

ドミニク・ジャン・ラレー男爵はナポレオン専属の外科医であり、戦場の負傷兵を運ぶために史上初の救急車（当時は馬車）を一七九二年に考案した。戦場の救急車をもってしても、約五〇万人のフランス兵がナポレオン戦争で命を落としている。これは当時のフランスの人口の六分の一にあたる人数だ。

一八九五年には自動車の救急車が誕生し、一九〇〇年にフランス陸軍で使用された。

◆ナポレオン・コンプレックス

「ナポレオン・コンプレックス」とは、自分に欠点があると思うあまり、それを補おうとしてほかの方面に過剰な熱意を燃やすことをいう。ナポレオンの尋常ならざる世界征服欲は、背の低さを補うために生じたといわれる。しかし、ナポレオンは当時としては平均的な身長だった（約一六八センチ）。とりわけ背の高い親衛隊に囲まれていたため、低く見えたにすぎない。

◆セントヘレナ島
・南アフリカからの距離……約二八〇〇キロ
・南米からの距離……約二九〇〇キロ
・イギリスからの距離……約六四〇〇キロ
・最も近いイギリス領アセンション島からの距離……約一三〇〇キロ
・ナポレオンの時代と同様、セントヘレナ島への交通手段は今も船舶のみ

◆ナポレオン関連の図書
イギリスの歴史家、ポール・ジョンソンによると、ナポレオン関連の図書はイエス・キリストに次いで世界で二番目に多い。それは、セントヘレナでの側近一二人がナポレオンの本を書いたことからもうかがえる。一二人の内訳は、医師三人、従僕三人、兵士三人、女友だちひとり、地元の役人ひとり、十代の少女ひとり。

第13章

ルートヴィヒ・ヴァン・ベートーヴェン

風船のようにふくれて蒸しあげられた作曲家

音楽家・作曲家

生-1770年12月17日、ドイツ（ボン）

没-1827年３月26日、オーストリア（ウィーン）、享年56

ベートーヴェンは父親に無理やりピアノを習わされた。この世に音楽が誕生したときから、父親とはそういうものである。ベートーヴェンがどんな曲を練習したのかはわからないが、現代の子どもであれば『エリーゼのために』や『月光』を弾かされる。どちらもベートーヴェンがつくった曲だ。練習は実を結び、ベートーヴェンは天才音楽家となる。初めて仕事としてピアノを披露したのは八歳のとき。いろいろな国の王様の前で演奏し、コンサートツアーを行ない、大勢のファンを獲得し、しかも長髪だ。まるでロックスターである。そしてその髪こそが、この男の死の謎を解く手がかりとなった。

今の時代、ベートーヴェンの曲は携帯電話の着信メロディにすることもできる。しかし昔はＣＤもなければｉＰｏｄ（アイポッド）もなかったので、その音楽に触れたければ演奏会に足を運ぶしかない。ところが、当のベートーヴェンには異変が起きていた。演奏会で自分の弾いている音楽が聞こえなくなったのである。

耳が変調をきたしはじめたのは二十代の後半。四五歳になるころには完全に聴力を失っていた。自分が弾いている音楽を想像しなくてはならない。音が鳴りひびくのは、長髪の下の、耳と耳のあいだにある、頭のなかだけだった。第九交響曲を書いているときには、耳では何ひとつ聞こえなかった。レオナルド・ダ・ヴィンチが目をつむって『モナ・リザ』を描いているようなものである。

たとえ耳が不自由でも、ベートーヴェンはピアノで作曲するのをやめなかった。一生のあいだにピアノとともに四〇回引越しをしている。トラックもクレーンも、ピアノ専用の台車もなかったことを思えば、これは並大抵のことではない。

耳が聞こえないためにベートーヴェンは人と一緒にいるのが好きではなく、とくに女性を避けた。妻をもたず、ベートーヴェン・ジュニアもおらず、華やかなロマンスとも縁がない。なのに最も偉大なロマン派の作曲家と呼ばれているのだから、どこか滑稽《こっけい》で、少し悲しい。

当時は手話が普及していなかったため、ベートーヴェンと友人は筆談でやりとりをした。今なら携帯電話のメール機能でも使うところを、紙と鉛筆で行なったわけである。

ベートーヴェンはたいてい不機嫌で、動作がぎこちなかった。胃腸の調子が悪くて人生最後の三〇年間はつねに気分がすぐれず、下痢や嘔吐、腹のガスに絶えず悩まされた。家にはまだ下水道の設備がない時代。つまりトイレはなく、おまるを使うしかない。

一八二七年に肺炎にかかる。なかなか治らない。腹痛は耐えがたいほどひどい。体が弱ってトイレ（つまりおまる）にも行けなくなる。皮膚はバナナのような色に変わり、口から血がしたたった。それから水腫《すいしゅ》になる。これは、体の外に出るべき液体が出られなくなる状態をいう。ベートーヴェンの内側は、腐りかけの液体でまたたくまにいっぱいになった。体は大きくなる。腹がふくれあがり、その皮膚ははちきれんばかりに張っている。

一八二七年の医者の知識は中世のころとたいして変わらない。だから液体を抜きさえすればいいと考えて、ベートーヴェンを病院に連れていった。しかし、当時は病院に入った人の半数は死体となって出てきたものである。

病院ではベートーヴェンの腹に穴があけられ、そこに管が押しこまれた。たぶんベートーヴェンは人生で最大の痛みを味わったに違いない。鎮痛剤もなく、意識があるまま、くすんだ茶色の膿のような粘液が自分の腹からカップ四〇杯分もあふれ出るのを見守った。全部で一〇リットル近くあっただろうか。傷口を縫う習慣はまだないので、医者は穴に布きれを詰めてベートーヴェンを家に帰した。

穴からは膿のような液体が流れつづける。なのに腹は病院に行く前よりもふくれあがった。それからの数週間で、さらに三回病院に出向いて溜まった液体を抜いてもらう。そのつど同じ穴に同じ管を入れるので、当然ながら穴は炎症を起こした。

そこで主治医は別の「治療法」を試すことにする。蒸し風呂で汗をかかせて液体を押しだそうという作戦だ。桶に湯を張ってベートーヴェンをなかに入れ、シーツをかぶせる。首から上は覆わずにおいた。あの素晴らしい音楽を生む場所に手を出すような、そんな愚かな真似はしない。二、三時間してシーツを取りのけてみる。すると液体が抜けているどころか、体は巨大なスポンジのように蒸気を吸いこんでいた。気の毒にベートーヴェンは飛行船のようにふくらんでいた。

のちに故人をしのびたくても写真などというものはない。友人が画家を呼んで絵を描かせようとするが、まもなくベートーヴェンは意識を失った。

一八二七年三月二六日、偉大な音楽家は息を引きとる。五六歳だった。

ベートーヴェンが亡くなると、形見を手に入れようとする人々が現れ、髪を少しずつ切りとってもち去った。ある者は誰も見ていないすきをうかがって。ある者は金を払って。またある者は正式に死んだとされないうちから。日が暮れるころ、ベートーヴェンの頭には毛が一本もなくなっていた。髪の毛を形見にするというのは奇妙な習慣に思えるが、写真が登場する前の時代にはごく普通に行なわれていた。

医師たちは遺体を解剖してみる。なかに詰まっていたものはすべて、小さすぎるか大きすぎるか、柔らかすぎるか硬すぎるかのどちらかで、どれも本来とは正反対の状態になっていた。それから頭蓋骨の上半分をま横に切った。なかを覗けば、何がこの男を特別にしたのかがわかるかもしれないと思ったからである。左右の側頭骨もとり出して調べた。ところが不思議なことに、その骨は行方不明になり、少しして解剖報告書も消えうせる。

どんな顔だったかを覚えておくためにデスマスクをつくろうと、ベートーヴェンの顔に漆喰《しっくい》が塗られた。気味が悪いうえに骨の折れる作業である。なにしろ前日の解剖のせいで、頭は眉から上がのこぎりでふたつに切られた状態なのだ。

葬儀には、ベートーヴェンの音楽をこよなく愛する二万人が訪れる。解剖のときにできた惨状を隠すため、白い薔薇《ばら》の花が頭を囲むように置かれていた。

墓掘り人は大金を積まれ、埋める前に頭をとり出して秘密の場所に運んでくれないか、ともちかけられる。だが首を縦に振らなかった。誰かが墓を掘りかえして頭をもっていかないようにと、夜警が雇われた。

それから三六年たった一八六三年、ベートーヴェンの音楽への人気はさらに高まっていた。遺体が掘りおこされ、もっといい棺に入れられることになる。ついでに専門家はかの有名な頭を調べてみた。頭蓋骨の大きさを測り、漆喰で型をとる。すでに写真が発明されていたので、何枚か写真にも収めた。調査のあいだに頭蓋骨が盗まれないようにと、旧友がどくろを家にもち帰り、ベッドの横に置いて眠った。ところが不思議なことに、頭蓋骨の写真の何枚かは消えてしまう。

それから二五年たった一八八八年、ベートーヴェンの音楽への人気はますます高まっていた。遺体はふたたび掘りかえされ、もっと素敵で大きな墓地に埋葬されることになる。そのとき、頭蓋骨のかけらが一〇個なくなっているのがわかった。どうやら一八六三年に友人が頭蓋骨をもち帰ったとき、一部を人にあげてしまっていたらしい。ついにどこかのコレクターがベートーヴェンの頭蓋骨のかけらを手にしたわけである。

その頭蓋骨コレクターの一族は、骨のかけらを代々伝えていった。ようやく一九九〇年になって、最後に受けついだ人が骨を手放したいと考える。ベートーヴェンを研究する学者たちは、待ってましたとばかりに飛びついた。

一九九四年にはベートーヴェンの遺髪がひと房、ロンドンでオークションにかけられ、三六〇〇ポンドで落札された。

科学者がその髪を調べてみると、ベートーヴェンの時代にはとうていわからなかったことが明らかになる。この男は重度の鉛中毒だったのだ。通常の一〇〇倍もの数値である。二〇一〇年には頭蓋骨のかけらもいくつか分析にかけられた。だが、一個からは高濃度の鉛が見つかったものの、ほかからは出なかった。何が原因で鉛中毒になったのかははっきりしていない。だが鉛中毒だったとすれば、生前に抱えていたいろいろな不具合はすべて説明できる。胃腸の不調、動作のぎこちなさ、怒りっぽさ。ただし、耳が聞こえなくなったのは鉛のせいではなかった。

この話には引きつづき注目していこう。今やベートーヴェンの名声はかつてないほどに高まっている。まだほかに何が出てくるか、わかったものではないではないか？

◆そのほかのロマン派作曲家（苗字の五十音順）

・フランツ・シューベルト（オーストリア生まれ、代表作の一例『冬の旅』）
・フレデリック・ショパン（ポーランド、『幻想即興曲』）
・ピョートル・チャイコフスキー（ロシア、『くるみ割り人形』）
・アントニン・ドヴォルザーク（チェコ、『新世界より』）
・ジョルジュ・ビゼー（フランス、『カルメン』）
・ヨハネス・ブラームス（ドイツ、『ハンガリー舞曲』）
・エクトル・ベルリオーズ（フランス、『幻想交響曲』）
・フェリックス・メンデルスゾーン（ドイツ、『夏の夜の夢』）
・フランツ・リスト（ハンガリー、『ハンガリー狂詩曲』）

◆手話

体系的な手話を考案したひとりにポルトガル生まれのハコボ・ペレールがいる。ペレールの妻は耳が不自由だった。そのため、聴覚障害者でも意思の疎通が図れるようにと、ペレールは一七四九年に専用の言語を編みだした。あいにくベートーヴェン本人も、家族や友人も手話を知らなかった。次ページの図は、アメリカ手話で表したアルファベット。

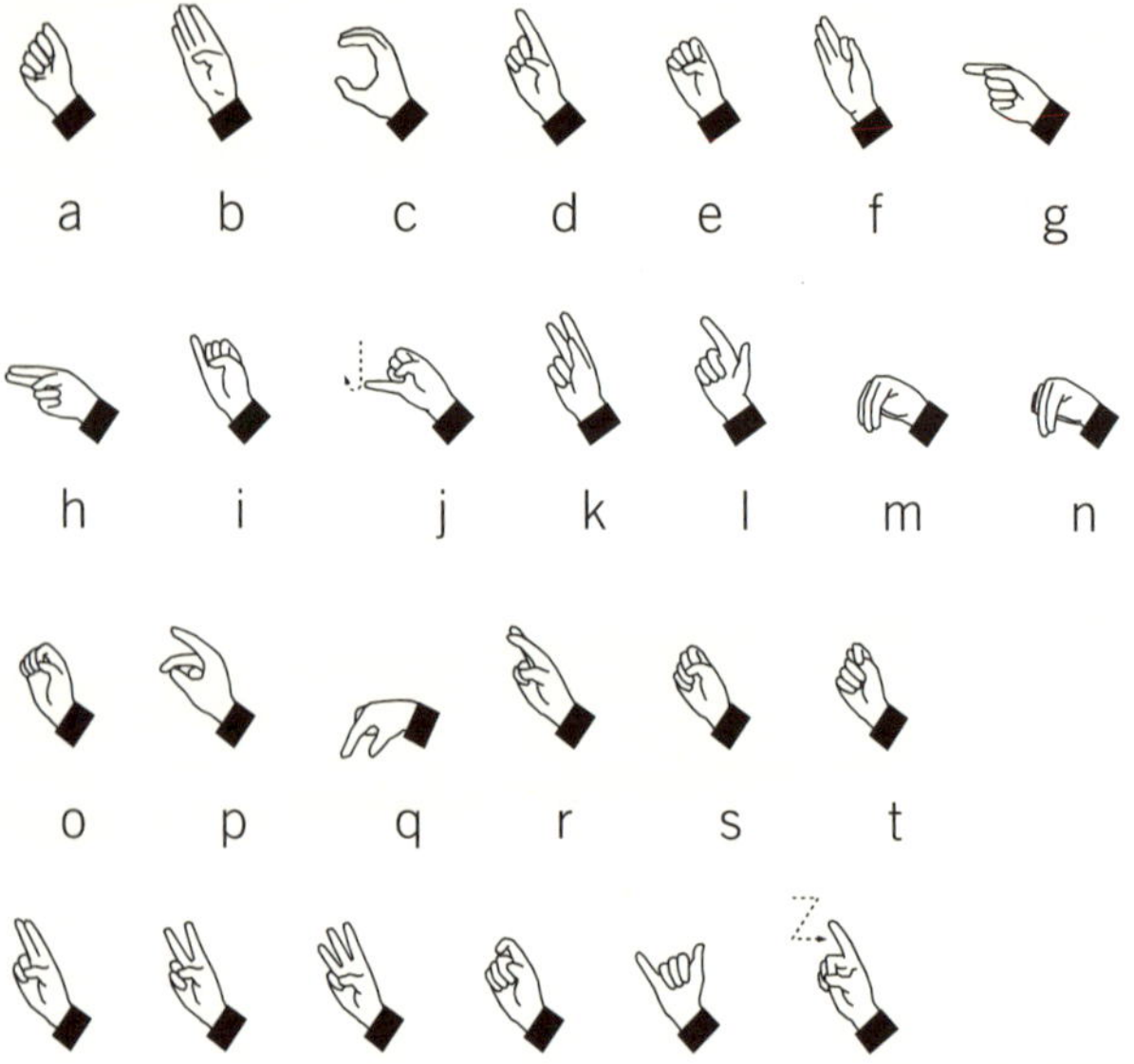

アメリカ手話で表したアルファベット

第14章

エドガー・アラン・ポー

酒びたりの果てに錯乱死した疫病神

小説家・詩人

生-1809年１月19日、アメリカ（マサチューセッツ州ボストン）

没-1849年10月７日、アメリカ（メリーランド州ボルティモア）、

享年40

ポーはいくつもの葬式に出た。葬式に行かないときには、死んだ人（またはもうすぐ死ぬ人）の物語を書いた。舞台は拷問部屋や呪いの館《やかた》といった不気味な場所ばかりで、登場人物には逃げだせる見込みもない。「落とし穴と振り子」「アッシャー家の崩壊」「モルグ街の殺人」などがいい例である。ポーの小説はたとえばこんな書出しで始まる。「私は病《やまい》を患っていた。長い苦悶の果てに死に至る病を」。だが、これでもまだ話のなかでは明るい部分である。不幸、孤独、死という無慈悲なテーマがポーの作品を……そして人生を貫いていた。この男は数々の不運に見舞われ、それから死んだ。

ポーの苦難が始まったのは、父親が家を出ていったときである。あとには病気の母と、幼い三人の子が残された。ポーが三歳にもならないうちに、母親は結核で亡くなる。母が血を吐き、衰弱していくのをポーは見つめつづけた。母の亡骸と同じ部屋で数日過ごしたが、やがて誰かが遺体を運びだして埋葬した。それからは死人が真夜中に自分をつかまえにくるような気がして、毛布を頭までかぶって眠るようになる。

父に捨てられ、母に死なれ、おまけに兄や妹とも離ればなれになって、ポーは養父母のもとに引きとられた。ヴァージニア州リッチモンドに住む、ジョンとフランシスのアラン夫妻である。フランシスは少年を愛したが、ジョンは忌み嫌った。成長したポーは額が広く、物思いに沈んだ目をして、言葉に対する才能を見せる。一五歳のとき、初めての恋人が母親のように結核で亡くなる。二〇歳になるまでに、ポーは大学に行き、中退し、軍隊に入り、除隊し、最初の詩集を出版していた。書くことが生涯の仕事となる。

するとと養母のフランシスが血を吐きはじめ、結核で死んだ。養父のジョンはポーに向かって、失《う》せろ、といった。

ポーは兄のヘンリーと再会するが、しばらくしてヘンリーは結核で死ぬ。ポーは叔母と従姉妹《いとこ》が暮らす家に移りすみ、そこで従姉妹のヴァージニアに恋をしてふたりは結婚した（当時はそれが許されていた）。ところが……何が起きたと思う？　ヴァージニアに結核のきざしが現れはじめたのだ。

もはや否定のしようもない。ポーは磁石のように災いを引きよせていた。ポーは自らの絶望をペンにこめた。一八四五年にその詩「大鴉《おおがらす》」が『イヴニング・ミラー』紙に掲載されると、たちまち大傑作との評判を得る。ポーは有名人の仲間入りをし、みんながこの詩人のことを知りたがった。しかし、それが暮らしの足しになるわけでもなく、ポーはたいてい腹をすかせていた。詩への報酬はゼロに等しい。しかも当時は著作権法などないので、人の書いたものを誰でも勝手に真似することができた。ポーが生涯に発表したすべての作品に対し、受けとったのはわずか三〇〇ドルである。しまいには人に助けを乞うようになり、遠い親戚や知人に手紙を送っては金を無心した。

こうした困難のさなかにあっても奇跡的に執筆を続ける。だが別の問題がもちあがった。苦しみを酒で紛らわすようになったのである。ポーが部屋に入ってくれば、きっと酔っぱらうだろうと誰もが思った。ときには靴を片方なくし、だらしのない身なりで、「分別をなくして」(「酔っぱらって」をオブラートにくるんだ当時の言い方)通りをさまようこともある。仕事を求めて各地を転々とし、すでに一八四四年にはニューヨークに移りすんでいた。だが、編集などの割りのいい職についてもどうしても長続きしない。やがて妻のヴァージニアが結核で世を去る。その後のポーはふたりの裕福な女性を追いかけて、あわよくば愛と安定を得ようとしたこともあったが、酔っぱらいというのはあまり魅力的な存在ではない。人はこの男を疫病神のように避けた。「私の人生は無駄に過ぎていくようです。未来は荒涼として何も見えません」とポーは叔母への手紙に綴っている。

一八四九年、講演で訪れたリッチモンドからニューヨークに船で戻るときのこと。出発の前夜、ポーは知人と会って食事をしたあと、間違って別の人のステッキをもっていってしまい、しかも自分の旅行鞄を置きわすれた。そのまま船に乗り、途中でボルティモアに降りたつ。

そしてそれからの六日間、ポーは跡形もなく姿を消した。どこにいて何をしていたのか、いっさい記録が残っていない。かなり顔が知られていたことを思うとじつに不思議である。もっとも、どこかで酔いつぶれてうつぶせに倒れていたなら話は別であり、そうであっても少しもおかしくはない。

　選挙の投票日、ポーはボルティモアにある「ライアンの四区投票所」という名の酒場に現れた。選挙のときには投票所として使われるので、そういう名前で呼ばれている。ポーは見るも無残な姿だった。分別をなくし（前のページ参照）、ベストと首巻（ネクタイに似ているが幅が広く巻き方が違う）が見当たらず、誰かの汚い服を裏表に、しかもうしろ前に着ている。

　するとまったくの偶然に、ポーの遠い親戚ふたりが同じ酒場に入ってきた。どちらもこの男に懐かしい思い出などもちあわせてはいない。最後に会ったときポーは酔ってけんか腰だったし、どうやらまた同じありさまのようである。ふたりはポーの力ない体を引きずっていき、病院に放りこんだ。酔っぱらいを収容する病棟で寝かせてもらえるだろうとのもくろみからである。

　翌朝、病院で目覚めたポーはひどく興奮していた。何かをしゃべっているのだが、言葉が意味をなしていない。まだ酔っているのだろうと医者は思った。

　夜のうちに様子は少し落ちついたものの、朝になってもまだ何をいっているのかがわからない。いくらなんでも酔いが覚めていいころである。医師たちは水を勧めるが、ポーは飲もうとしなかった。

その次の朝、ポーは起きるなり錯乱状態になり、「レイノルズ」という名前を叫びはじめる。それから一日中レイノルズについて何かをまくし立て、とうとう翌日の午前三時になった。

そしてエドガー・アラン・ポーは死んだ。一八四九年一〇月七日。まだ四〇歳だった。死因は「脳のうっ血」とされたが、それは原因不明の死に対して当時よく使われた言葉である。

その後、ポーの死は長らくアルコール中毒によるものとみなされてきた。だが、病院で一滴も飲まないまま四日間も酔いつづけられるものだろうか。

近年になって医師たちが治療記録を調べなおしたところ、狂犬病の動物に咬まれた可能性が浮かびあがってきた。ポーは病院で水に口をつけなかったが、狂犬病になると水が飲みこめなくなる。しかも、この病気にかかった人はまるで……そう、酔っぱらったような様子を見せるのだ。しらふに戻らなかった理由もそれなら説明がつく。

ポーは一文無しだったので、亡くなる直前に不正投票の片棒をかつがされていたのかもしれない。当時の選挙では、人を集めて部屋に閉じこめ、いろいろな服に着替えさせていくつもの投票所に向かわせ、何度も投票させるということが行なわれていた。

見返りはただで酒が飲めること。それに、しきりに叫んでいた「レイノルズ」というのは、投票を管理する役人の名前だった。

ポーが狂犬病で亡くなったのか、あるいは別の何かで命を落としたのかは今なおはっきりしていない。しかし、これだけはたしかなように思う。きっとポーは少しでも早く黄泉《よみ》の国に落ちつきたかったのだ。結局、かつて愛した人たちはすべて、すでにそちらに行っていたのだから。

◆結核

結核で亡くなった人は、過去二〇〇年だけでも全世界で約一〇億人にのぼる。有史以来、これほど大勢の命を奪った病気はない。ポーが生きた一九世紀には、欧米で七人にひとりが結核で死んでいた。

結核は、患者のくしゃみや咳で飛びちった病原菌を吸うことで発症する。英語では以前「consumption」と呼ばれたが、これは「消耗」という意味である。犠牲者を消耗しつくすように見えたからだ。症状には、吐血、衰弱、発熱、胸痛などがある。人間だけでなく、牛や蛙、鳥や水生の亀、さらには魚も結核にかかる場合がある。

初めて結核ワクチンが開発されたのは一九二一年。今日では抗生物質で治療できるが、それでも世界で年間ほぼ二〇〇〇万人がこの病気で死亡している。

◆狂犬病

狂犬病は、狂犬病ウイルスに感染した動物（犬、猫、スカンク、牛、狼、アライグマなどが多い）に咬まれて発症する。また、感染した蝙蝠《こうもり》がすむ洞窟のなかで、ウイルスを含む空気を吸った場合にも狂犬病になることがある。

普通は感染後一〜三か月で発症する。この潜伏期間は、ウイルスがいつ脳に達するかによって違ってくる。発症すると、落ちつきのなさ、混乱、興奮、恐怖のほか、水が飲みこめないといった症状が現れる。

ワクチンはルイ・パスツールによって一八八五年に開発された。それでも今なおアジアやアフリカを中心に、年間およそ五万五〇〇〇人が狂犬病で亡くなっている。

史上初の推理小説

ポーの短編小説「モルグ街の殺人」は、一八四一年に『グレアムズ・マガジン』に掲載された。この作品は推理小説の第一号とみなされている。探偵の名はC・オーギュスト・デュパン。

第15章

チャールズ・ディケンズ

脳の中のバランスが狂った人間ハリケーン

小説家

生-1812年2月7日、イギリス（ポーツマス）

没-1870年6月9日、イギリス（ロチェスター近郊）、享年58

チャールズ・ディケンズにとっては最高の時代だった。一九世紀随一の作家として、富と名声の頂点に君臨していたのだから。しかし、この男をよく知る者にとっては最悪の時代である。ディケンズはまれに見る才能の持ち主でありながら、気分屋で不潔恐怖症で、病的に支配欲が強い。人呼んで「人間ハリケーン」。自分の仕事ぶりを説明するのに、よく「首が飛ぶほどの勢いで書く」という言い方をした。首が抜けて飛んでいくような気がしたとすれば、それは薄くなった頭の内側で化学物質のバランスが著しく崩れていたためである。これが創作の原動力になる一方で、人間関係をことごとく壊しもした。けっして本人に落ち度があったわけではなく、そのせいで死んだわけでもない。最後に作家の命を絶ったものは脳血管の不具合だった。

ディケンズは一二歳のとき、朝から晩まで靴墨の瓶にラベルを貼る仕事につく。一七歳の誕生日を迎えるころには法廷の速記記者として働いていた。だが、記者をやめて本物の作家になってからは、速記記事のように短い作品を書くことは一度としてなかった。

ディケンズは毎日二〇～三〇キロ歩くのを日課にしていた。「スペルチェック機能」や「削除キー」などない時代。物書きは過酷な職業である。数行の文章を綴っては羽根ペンをインク壺に浸し、それを延々とくり返す。だがそんなことはものともせずに、ディケンズは猛烈な速さで書きまくった。二一歳で最初の短編小説が出版される。二五歳のころにはすでに作家として高い評価を受け、成功を収めるまでになっていた。

ディケンズ作品のなかで最も有名な登場人物といえば、小説『クリスマス・キャロル』のエベネーザ・スクルージだろう。心が狭く、ケチで子ども嫌い、という設定である。ディケンズにとって、この人物を描くのにたいした苦労はいらなかった。

なにしろ日ごろから妻のキャサリンをほめたためしがなく、一〇人いる子どもたちのことは「期待外れで金ばかりかかる厄介者」呼ばわり。おまけに毎日子ども部屋を見てまわり、少しでも椅子の位置がずれていようものなら尋常ではない雷《かみなり》を落とす。子どもたちは父親がいると気の休まる暇がない。ディケンズはわが子に「骸骨少年」だの「かんしゃく箱」だのというあだ名をつけた。子どもたちのほうでも、ひそかに父親を「小言マシーン」とか「唯我独尊《ゆいがどくそん》じじい」などと呼んでいたかもしれない。

とにかくその自己中心ぶりは徹底していた。あるときディケンズは、自分宛ての手紙を二〇年分焼きすてるという事件を起こす。じつはその数年前に妻を追いだしていて、子どもたちが妻側の親族に会うのも許していなかった。そのことをとやかくいってくる手紙がとりわけ我慢ならなかったらしい。何事につけ、自分の側の言い分だけが重要だと思っていたからである。これでもまだ人を操りたりないとでもいうのか、しまいには催眠術まで身につけた。

ディケンズは後年、イギリスとアメリカの各地を汽車で旅するようになる。舞台に上がり、自らの小説をあたかもひとり芝居のようにして朗読することに熱中したためだ。当然、数々の登場人物をすべてひとりで演じなくてはならない。公演の当日は、朝食にラム酒、昼食にシェリー酒とシャンパン、そして夕食にはもっと酒を飲んだ。これだけ腹に納めれば、ディケンズならずともすべての登場人物を演じられるだろう。

そんなディケンズも、生身の自分を演じることには手を焼いていた。

ときどき耐えがたい痛みに襲われ、体の左側を下にして倒れこむことがあった。腎結石も患っている。石（尿の成分が結晶化したもの）が尿の通り道を少しずつ下りてくる痛さといったら、有刺鉄線のかたまりが動いていくようである。石を外に出すために当時はどうしていたかといえば、馬に乗って跳ねるか、それでもだめなら動物の赤ん坊を煮てその汁を飲めばいいとされた。

ディケンズには左腕が思いどおりに動いてくれないこともあった。おまけにひどく痛んだので、三角巾で腕を吊らなくてはいけなくなる。部屋のなかや、文字の書かれた紙も、右半分しか見えないときがあった。それだけではない。まっすぐに歩いているつもりが、いつのまにか円を描いて元の場所に戻ることもあった。

円を描くのをやめさせようと、主治医は吸角法《きゅうかくほう》と呼ばれる治療で「悪い血」をとり除くことにする。まず、ばね仕掛けの刃がいくつもついた乱切器《らんせっき》という道具で、ディケンズの皮膚に等間隔の傷をつける。このとき大事なのは、腱《けん》や太い血管を避けることだ。それから、上に吸引弁のついたガラスのカップを傷にかぶせ、なかの空気を抜く。すると傷口から血液が勢いよくあふれ出すので、それをカップですくい取る。そのあと、同じ場所をもう一度切って傷が十文字になるようにし、さらに血液を吸いだす。まっ赤な傷痕は数週間消えなかった。

しかしさらに状態は悪化し、左足が麻痺して満足に動かせなくなる。しばらくすると、今度はその足の親指が腫れあがった。これは痛風のせいである。豪華な食事や酒を楽しみすぎると起きる病気であり、激痛を伴う。足の指を鮫《さめ》にかじり取られるような痛みである。

乱切器

だが主治医たちは、諸悪の根源は汽車に揺られすぎることにあると考えた。ディケンズに朗読をやめるようにと説き、マネージャーは公演の回数を減らす。だが、この男に向かって何かを指図してただですむはずがない。ディケンズは、誰もが生涯忘れられないほどのすさまじさで激怒し、マネージャーを叱りとばした。

体の一部が麻痺しても、まっすぐに歩けなくても、物が半分しか見えなくても、書くことにはまったく支障がなかった。

脳はいくつもの領域に分かれていて、それぞれの役割は異なる。左半身が動かないのは脳の右側に問題があるからだが、ディケンズの場合、小説を生みだす部分はすこぶる順調に働いていた。創作力が麻痺することはけっしてなかったのである。

その後も相変わらず朗読公演の旅に出ては、聴衆の前でお辞儀をし、もっと盛大な拍手喝采を求めた。そして、足を引きずりながら舞台を下りて倒れこむ。今や舞台の袖にはかならず医者を待機させていた。もちろん、その言葉に耳を貸すようなディケンズではなかったが。しかし、処女長編小説のタイトル『ピックウィック・ペーパーズ』をうまくいえなくなったとき、ついに医者は家へ帰るよう命じる。

公開朗読にうつつを抜かしているあいだに、家は空き家も同然になっていた。未婚の娘がひとり残るだけで、ほかの家族の姿はない。妻は一〇年以上前に去っていたが、そんなことはどうでもよかった。妻の妹もまだとどまっていたが、作家から給料をもらっていたせいもあったのだろう。

ある日の夕食どき、ディケンズは意味のわからないことをひとしきりつぶやいた。数々の名作を生みだした言葉の魔法が消えてしまったのである。それから床に崩れおちる。脳の正常な部分も停止しようとしていた。体は冷たくなり、ひと晩中動かなかった。医者が駆けつけ、なんとか温めようと熱いレンガを押しつける。

その甲斐もなく、チャールズ・ディケンズは一八七〇年六月九日の夜に物いわぬ人となった。五八歳だった。

ディケンズの「人間ハリケーン」的な性格は、今なら躁うつ病と診断されるだろう。この病《やまい》は自然によくなることがない。今は適切な薬を用いれば症状を抑えることができ、何百万人もの患者が治療を受けている。

当時の医師には知るよしもなかったが、左半身が不自由だったのは今でいう脳卒中のせいである。ディケンズは何度も脳卒中を起こし、最後は脳内の出血が止まらず死に至った。

ディケンズの遺体は美しかった。画家のジョン・エヴァレット・ミレーが死に顔をスケッチしにきたほどである。見ると死人は口を開いていたので、ミレーはまずそれを閉じさせた。この作家はもうひとつ物語を語りたかったのか。それとも、また誰かを叱りとばそうとしていたのか。

◆躁うつ病
躁うつ病は双極性障害《そうきょくせいしょうがい》とも呼ばれ、ある極端な感情からその対極の感情へと気分が激しく変化するのが特徴だ。そのため、人間関係をはじめ仕事や学業にも支障をきたすことがある。
・躁状態のとき……異様に機嫌がよく、興奮し、衝動的に物事を行なう。また極端に怒りっぽくなることもあり、気分のむらが激しい。自分の能力を過信することもある。
・うつ状態のとき……不安やむなしさを感じる。何事にも関心を示さず、疲れやすく、気分が沈む。
双極性障害は生涯続き、治療法はない。薬を用いれば激しい気分の揺れを抑えられ、普通に生活できることが多い。

◆吸角法
吸角法とは、いわゆる「悪い血」を体の外へ出すための方法のひとつだ。瀉血やヒル療法よりも痛みが強い。吸引が効果的に行なわれるよう、毛の生えている皮膚や、骨のつき出た部分は避ける。血管や神経や腱に近すぎると、痛みが増し、出血も多くなる。上に吸引弁のついたタイプのカップが一番効果が高い。

吸角法は危険なものではなかった。ただし、命取りにはならないものの厄介な出血が起きることはあった。

◆ディケンズの作中人物

ディケンズは全部で一万三一四三人もの登場人物を生みだした。以下はそのごく一部（苗字の五十音順）。

- ワックフォード・スクィアズ（登場作品『ニコラス・ニクルビー』）
- ペグ・スライダースキュー（『ニコラス・ニクルビー』）
- チャズルウィット（『マーティン・チャズルウィット』）
- アートフル・ドジャー（『オリヴァー・ツイスト』）
- エドウィン・ドルード（『エドウィン・ドルードの謎』）
- バーキス（『デイヴィッド・コパフィールド』）
- バグストック少佐（『ドンビー父子』）
- 教区吏のバンブル（『オリヴァー・ツイスト』）
- パンブルチュック叔父さん（『大いなる遺産』）
- ユーライア・ヒープ（『デイヴィッド・コパフィールド』）
- ハム・ペゴティ（『デイヴィッド・コパフィールド』）

・セス・ペックスニフ（『マーティン・チャズルウィット』）
・ミーリー・ポテイトーズ（『デイヴィッド・コパフィールド』）
・アベル・マグウィッチ（『大いなる遺産』）
・マードストン氏（『デイヴィッド・コパフィールド』）

第16章

ジェームズ・A・ガーフィールド

背中の穴に指を入れられた大統領

第20代アメリカ合衆国大統領

生-1831年11月19日、アメリカ（オハイオ州オレンジ）

没-1881年９月19日、アメリカ（ニュージャージー州エルバロン）、

享年49

ジェームズ・A・ガーフィールド大統領？　いったい何をした人だろう。歴史の本に出てくることもまずなければ、アメリカ国民が誕生日を祝うこともなく、紙幣や硬貨の顔にもなっていない。だが、ガーフィールドという名の学校は少ないながらもあって、それは有名な漫画の猫ではなくこの男にちなんでいる。ガーフィールドは第二〇代アメリカ合衆国大統領であり、就任後わずか四か月で凶弾に倒れた。倒すのは造作なかった。護衛がいなかったからである。その一六年前にはエイブラハム・リンカーンが暗殺されていたというのに、大統領を守る必要があるとはまだ誰も考えていなかった。現代の大統領なら、シークレットサービスの警護なしにはどこへ行くこともできない。しかし昔はそうではなかった。不満を抱える人間や、頭のおかしな連中にとって、ガーフィールドは恰好の標的だった。

時は一八八一年。ジェシー・ジェームズやビリー・ザ・キッドといった無法者が、列車を襲ったり人を撃ったりしている。町なかであっても銃の力で法を守らせ、一五歳以上の少年であれば容疑者逮捕のための民兵隊に加われた時代。通貨の四分の一近くは偽造である。すでに財務省には秘密検察局《シークレットサービス》が創設されて通貨の保護にあたっていたものの、人間を守るわけではない。ホワイトハウスの建物と敷地は警察が警護したが、大統領はその対象ではなかった。誰でもホワイトハウスに入っていくことができたし、かりに大統領が留守でも問題はない。いつ戻ってくるかは簡単にわかった。毎日のスケジュールが新聞に掲載されていたからである。

一八八一年七月二日、ガーフィールド大統領とジェームズ・G・ブレーン国務長官は、ワシントンDCにある駅に向かった。チャールズ・J・ギトーという頭のいかれた男が銃をもって（そしてたぶん新聞を読んで）待っていた。大統領には護衛がいないので、ギトーはガーフィールドのまうしろまで近づく。そして、銃身の短い四四口径「ブリティッシュ・ブルドッグ」リボルバーをとり出し、引き金を二度引いた。一発は腕をかすめただけだったが、もう一発は背中に命中する。ガーフィールドは倒れた。

電話ですぐに救急車が呼べるようになるのは九〇年ばかり先のこと。どのみちワシントンには電話が二台しかなかったので（一台はホワイトハウスに、もう一台は財務省に）、助けを求めたければブレーン氏が声をかぎりに叫ぶしかない。

ガーフィールドは血まみれだったが、息はあった。どこかからマットレスが運ばれ、ガーフィールドを上に寝かせる。ひとりの女性が大統領の頭をそっと抱えて自分の膝に乗せた。医者がひとり到着し、痛みを和らげるためにブランデーを飲ませ、背中にあいた穴から指を入れて銃弾を探る。X線はあと一四年しないと発見されないので、弾《たま》を見つけるには指を使うしかない。医者は手を洗ってもいなければ、手袋をはめてもいなかった。

まもなく駅には一〇人の医者が駆けつけ、洗っていない指をかわるがわる背中の穴に押しこんだ。銃弾は体内にあるとわかっているのに、どうしても見つけられない。ならばと穴から探り針を入れ、弾を掘りだそうとする。何度も試し、変な方向に針を刺すうちに、医者は銃弾の通り道を完全に見失う。ガーフィールドの背中には新たに長さ三〇センチもの穴があいた。それでも弾は見つからない。大統領の体内にはすでに無数のばい菌が入りこんでいたことだろう。

病院の救急外来などというものはまだないので、馬に引かせた救急車でガーフィールドをホワイトハウスに運んだ。痛みを和らげるため、シャンパン一杯とモルヒネが与えられる。とても朝まではもつまいと医師たちは思った。

ガーフィールドは両足が麻痺し、三〇分おきに嘔吐し、ベッドを血だらけにしたが、翌朝もまだ生きていた。そしてこの日を皮切りに、八〇日間に及ぶ銃弾捜しが始まる。

ホワイトハウスには市民からの手紙が殺到し、鉛の弾を見つけるためのさまざまなアイデアが寄せられた。逆さに吊るせば弾が落ちてくるとか、ポンプで吸いだせといった案もあった。電話を発明したアレクサンダー・グラハム・ベルは、金属を探知する仕掛けをつくる。それを電話機につないで、金属を感じると受話器から音が聞こえるようにした。ところがガーフィールドの寝ていたマットレスは、当時としては珍しく金属製のスプリングが入ったもの。ベルの装置はくり返し勘違いして音を立てた。

大統領のベッドのまわりにはついたてがめぐらされる。経験豊富な看護師のかわりに、なぜか閣僚の妻たちが昼も夜も交代で世話にあたった。主治医たちは見舞い客を制限し、大統領の家族や副大統領すら部屋に入れない。

銃弾の穴が感染症を起こすのにそう時間はかからなかった。だが、膿は感染のしるしではなく治癒のしるしだと医師たちは考えた。そこで傷口を切ってもっと広げ、ゴムの管を一日二回押しこんで膿を抜くことにする。管からは膿だけでなく、シャツの切れ端や肋骨のかけらも出てきた。

数週間が過ぎても銃弾は見つからず、ガーフィールドはしだいに衰弱していった。熱が高く、何を口に入れても吐いてしまい、うわ言をいうようになる。苦難が始まってから四四日目、医師たちはもういっさい食べさせないようにしようと決める。食事は直腸にだけ与えることにした。浣腸として注入するのである。卵の黄身、牛乳、牛肉を煮出した汁、ウイスキー、それに少量の阿片《あへん》を混ぜたものが使われた。医者が大統領を飢え死にさせようとしていた。

ガーフィールドは全身が感染症に冒される。一か所ばかりを下にしないようにと、体の位置が一日に一〇〇回も変えられた。右耳そばの耳下腺《じかせん》も炎症を起こしたため、右耳と右の頬が腫れあがり、顔の右半分はすっかり麻痺した。

ガーフィールドは、ニュージャージーの海辺に連れていってほしいと頼む。少しでも移動が楽になるようにと、線路を新たに一〇〇〇メートル近く継ぎたして、海辺の別荘の玄関先まで汽車が来られるようにした。ところが汽車は、あと数百メートルというところで思いがけず止まってしまう。近所の人たちが集まり、みんなで目的地まで車両を押した。

二週間後の一八八一年九月一九日、撃たれてから三か月足らずでガーフィールドは天に召される。不運にも、傷口の感染症と敗血症と、心臓発作が息の根を止めた。三か月で体重が四五キロも減っていた。

解剖の結果、捜していたのとはまったく別の場所から銃弾が見つかる。弾は重要な臓器をかすめてもいなかった。医者が汚い手をどけていれば、ガーフィールドは命を落とさずにすんだだろう。

二〇年後の一九〇一年、時の大統領、ウィリアム・マッキンリーが暗殺された。大統領を警護するシークレットサービスはまだいなかった。

リンカーン、ガーフィールド、マッキンリーと三人の大統領が暗殺されてから何年もたって、ようやく米国議会は連邦政府の予算で「アメリカ合衆国大統領の身辺警護を行なう」ことを承認する。一九〇七年、セオドア・ルーズヴェルト大統領を守るためにふたりの専任護衛官が正式に配属された。現在ではおよそ三二〇〇人の特別護衛官が活躍し、大統領と副大統領、その家族、元大統領、訪問中の外国の首脳などを守っている。

◆ロバート・トッド・リンカーン（一八四三〜一九二六年）

これまでにアメリカでは四人の大統領が暗殺されている。エイブラハム・リンカーンの息子であるロバート・トッド・リンカーンは、そのうち三つの事件を身近で経験した。

一八六五年、エイブラハム・リンカーン大統領がワシントンDCのフォード劇場で撃たれた。ロバートは劇場に駆けつけ、最後はベッドの脇で父の最期を看取った。

一八八一年、ジェームズ・A・ガーフィールド大統領がワシントンDCの駅構内で撃たれた。当時ロバートは陸軍長官を務めており、大統領を見送るために駅に来ていた。銃撃のあと、ロバートは大統領のもとに駆けよった。

一九〇一年、ニューヨーク州バッファローで開催されていたパン・アメリカン博覧会の会場で、ウィリアム・マッキンリー大統領が撃たれた。ロバートはバッファローに招かれて大統領と合流することになっていて、はからずも銃撃直後に会場に着いた。

◆シークレットサービスの変遷

・一八六五年……偽造通貨摘発を目的として創設
・一八九四年……グローヴァー・クリーヴランド大統領の非公式な身辺警護を実施
・一九〇二年……セオドア・ルーズヴェルト大統領の全面的な身辺警護を開始（議会の正式な承認は一九〇七年）
・一九〇八年……次期大統領の警護を開始
・一九一七年……大統領の直近の家族の警護を開始
・一九六二年……副大統領の警護を開始
・一九六五年……元大統領とその夫人の終身警護を開始
・一九九七年……一九九七年一月以降に選ばれた大統領については、退任後一〇年間しか警護されないという法律が発効〔訳注　二〇一三年一月、オバマ大統領はこれを元に戻し、元大統領と配偶者の終身警護を認める法案に署名した〕

◆ガーフィールドには間に合わなかった医学の進歩

- 消毒法の使用……一八六五年（ガーフィールドの主治医たちには、清潔にしてばい菌の広がりを食いとめようという発想がなかった。アメリカで消毒が広く行なわれるようになるのは一八八〇年代の後半になってからである）
- ゴム手袋の使用……一八九〇年（手術室で初めて使われたが、患者のためではなく、皮膚アレルギーの看護師を守るためだった）
- X線の発見……一八九五年
- 直接接合による輸血法の成功……一九〇五年
- 抗生物質の医学利用……一九三九年

大統領を暗殺した男たち

- リンカーン……ジョン・ウィルクス・ブース
- ガーフィールド……チャールズ・J・ギトー
- マッキンリー……レオン・チョルゴッシュ
- ケネディ……リー・ハーヴィー・オズワルド（？）

第17章

チャールズ・ダーウィン

400万回嘔吐した小心者

自然科学者・著述家

生-1809年２月12日、イギリス（シュロップシャー）

没-1882年４月19日、イギリス（ダウン）、享年73

チャールズ・ダーウィンは進化論で有名である。生物は長い年月をかけて進化し、一番強いものだけが生きのこるとこの学者は考えた。あいにくダーウィン自身は弱いほうの部類に入る。心優しい男だが心配性で、しばしば嘔吐し、怖くて自宅から出られない。しかもそれが度を越してひどかった。誰かが家に訪ねてこようものなら、慌ててカーテンの陰に隠れて吐いた。

何より気がかりだったのは自分の進化論のことである。当時信じられていたどんな宗教の教えにも反するため、万有引力の理論などのように簡単には受けいれてもらえないことが自分でもわかっていた。だから二〇年間、ごく少数の友人を除いて誰にもこの話をしていない。生物に関する史上最大の秘密を口に出さずにいたことが、ダーウィンの体をむしばみ、ついには心臓がそれ以上耐えきれなくなった。

少年時代のダーウィンは甲虫をつかまえたり、舟底に溜まった泥を集めたり、木にとまった蛾《が》を獲ったりして遊んだ。自分がしたことはなんでも記録する習慣があって、後年にはバックギャモンで二七九五回勝ったことまで書きしるしている。父親は息子の様子を見るにつけ、蟻塚《ありづか》を眺めるのはやめてまともな仕事についてほしいと願っていた。するとダーウィンに幸運が訪れる。二二歳のときに文字どおりの助け船が現れ、それとともに夢のような仕事が舞いこんだ。イギリス海軍が測量船のビーグル号で五年かけて世界各地を調査する計画を立て、その船に乗ってくれる自然科学者（動物や植物を研究する人）を探していたのである。ダーウィンにとっては天国だった。どこかに上陸するたびにいろいろな動植物の標本を集め、その数は五四三六種類にのぼった。

しかし、この大遠征はダーウィンにとって最後の屋外での冒険となる。戻ってからはほとんど家から出なかった。ダーウィンは帰国から一年もしないうちに、すべての生物がたった一個の生命から進化したと確信するようになる。それを証明しようとするあいだ、何度も食べ物を戻し、気を揉み、息を切らし、腹のガスに苦しみ、震え、人を避けた。表立っては自然に関する楽しい本を何冊も発表しながら、陰では誰も考えたことのない革命的な新説をひそかに綴っていたのである。たしかにダーウィンは天才だった。だが、トランプでいえばカードが全部そろっていない。エースはすべてもっているのに、7や8や9が足りなかった。

ダーウィンは従姉妹のエマ・ウェッジウッドと結婚する。当時の人は何も知らぬまにいとこ同士でも平気で結婚していたが、ダーウィンは良からぬことが起きるのではないかと心配した。エマとのあいだに生まれた一〇人の子どものうち、ふたりはまだ赤ん坊のときに死に、ひとりは一〇歳であの世に行き、ひとりは言葉がうまくしゃべれない。ダーウィンの家はさながら小さな病院であり、エマが看護師長だった。ダーウィンの唱えた「適者生存」の理論は、自分の家族のなかで見事に現実のものとなる。子どもたちのうち、子孫を残せた者は三人しかいなかった。

一八五九年に『種の起源』が出版されると、またたくまに売りきれる。しかし宗教界の人々は激怒した。まさしく予想どおりに。

ダーウィンは五〇年のあいだ、体のさまざまな不調に苦しめられていた。吐き気、頭痛、めまい、しびれ、おでき、湿疹、動悸、不眠、憂うつ、腹のガス。これでも代表的なものだけである。そのすべてを毎日、健康日誌に記録している。ひどいときには食事のたびに嘔吐し、夜中にも数回戻した。

食べた物をなんとか腹に納めておこうと、あらゆる手を尽くした。ストリキニーネ入りの恐ろしい飲み物も試したが、効かない。苦いインディア・ペールエール（もともとインド輸出用につくられたホップの多いビール）もだめ、コンディ液（過マンガン酸カリウムを使った消毒液）もだめ。金属の一種であるビスマスも、阿片も炭酸カルシウムもアンモニア炭酸塩も効果なし。主治医たちは真鍮の針金と亜鉛の針金を酢に浸し、それをダーウィンの上半身に交互に巻きつけてみる（これで弱い電流が起きる）。だが、期待もむなしく胸全体に醜い痕が残っただけだった。

ことごとく失敗に終わったので、ダーウィンはしかたなく顕微鏡を片づける。家を離れてかの有名なガリー医師の温泉療養所に赴き、水治療を受けることにした。療養所ではまず、濡れたシーツにミイラのようにくるまれて台の上に寝かされ、シーツが乾くまで何時間もそのままにされる。それから、皮膚が赤くなるまでタオルで体をこすられたり叩かれたりした。熱い湯で豚のように汗をかき、冷たい水で震えあがる。凍るような冷水を二五〇〇リットル近く、細い管を通して背骨に浴びせられもした。足にはいくつもの腫れ物ができる。これは治療がうまくいったしるしだとされていたので、ダーウィンは「ありがたい水治療のおかげ」と記している。

ダーウィンは三〇日ものあいだ一度も食べた物を吐かなかった。だが、もしかしたらこれは水治療のせいではなく、普段やっていることをいっさいしなかっただけのことかもしれない。ホルマリン入りの容器の上に身をかがめることもなければ、死んだ鴨の皮を素手でむくこともなく、リスとにらみあいながら腹に詰め物をして剝製をつくることもない。この男は五〇年のあいだ科学の蒸気を吸いこみ、あらゆるものを指でつついてきた。マスクもしなければ特別な手袋もはめず、研究部屋の換気も十分ではない。しかし、そんなことで人が病気になるなど主治医たちは夢にも思っていなかった。

体のどこにも明らかな問題は見つからない。そうこうするうちにダーウィンは発作を起こしはじめた。なるほど、ようやく少しわかった。でもそれは良い知らせではない。心臓に向かう血管が詰まって、アンギナ（今でいう狭心症）を起こしていた。締めつけられるような感覚と激痛を伴う病気であり、これには手の施しようがない。

　すでにダーウィンはかなりの高齢である。妻のエマは、研究をやめるようにと夫に釘を刺した。ダーウィンは日誌に、夕食後の四〇〇〇万回目の嘔吐と腹のガスについて記す。この学者もまた、命あるすべてのものがたどる道を行こうとしていた。すべての虫が、すべての爬虫類《はちゅう》が、すべての石楠花《しゃくなげ》がたどる道を。時計の針は歩みをゆるめ、最期の時が近づいていた。ダーウィンは死者へと進化するのだ。「死ぬことなど少しも怖くはない」とダーウィンは語った。

　病気であっても研究への意欲は衰えない。ある日、同僚の生物学者から郵便が届いた。なかには水生甲虫の標本が一匹入っていて、その体には二枚貝が付着している。ダーウィンは目を輝かせた。ようやくエマの許しが出たので、標本を詳しく調べる。その日は上機嫌だった。

　数日後、ダーウィンは寝つく。痛みが胸を襲う。激痛を和らげるためにブランデーが与えられるが、例によってうまく腹に納まってくれない。

　医者が胸に芥子《からし》泥《でい》を貼り、水ぶくれを起こさせる。芥子泥というのは、芥子の粉を水などで練って泥状にした湿布薬だ。なんの効果もない。もはやできることは残っていなかった。

気の毒なダーウィン。胸の激痛は耐えがたい。苦しそうにあえぎ、体を震わせる。皮膚は冷たくなり、不気味な灰色を帯びる。と、まっ赤な血が口からあふれ、白いあごひげを伝った。エマはそばに寄りそった。

もしも力が残っていたら、ダーウィンは健康日誌にこう記したかったかもしれない。「エマが抱きしめて体を揺すってくれた。いい気持ちだった。疲れた。私は死んだ」

一八八二年四月一九日、チャールズ・ダーウィンは心臓発作を起こして世を去った。七三歳だった。

ダーウィンは生前、地元の墓地に埋葬されることを望み、先立ったわが子たちのかたわらで眠りたいと話していた。だが、賛否両論はあれその進化論のおかげで、今やダーウィンは国の宝である。政府の役人は遺族に対し、故人を国葬にしてロンドンのウェストミンスター寺院でアイザック・ニュートンの近くに遺体を安置してはどうか、ともちかけた。ニュートンは万有引力の理論を編みだした男である。この魅力的な申し出を断れるはずもなかった。

◆恐怖症

恐怖症（phobia）とは、何かに対して理屈では割りきれない病的な恐怖を抱くことをいい、息苦しさ、吐き気、めまい、不安感などの症状を伴う場合がある。

いろいろな種類の恐怖症がある。

・ハチ恐怖症（apiphobia）
・ピーナッツバター恐怖症（arachibutyrophobia　ピーナッツバターが口腔内の天井に張りつくことを病的に恐れる）
・数字恐怖症（arithmophobia）
・重力恐怖症（barophobia）
・会食恐怖症（deipnophobia　人と食事をすることを病的に恐れる）
・嘔吐恐怖症（emetophobia）
・笑われ恐怖症（gelotophobia）
・長い単語恐怖症（hippopotomonstrosesquippedaliophobia）
・雲恐怖症（nephophobia）
・臭気恐怖症（olfactophobia）
・汎《はん》恐怖症（panophobia　あらゆるものを病的に恐れる）
・ローマ法王恐怖症（papaphobia）
・操り人形恐怖症（pupaphobia）
・試験恐怖症（testophobia）
・雷恐怖症（tonitrophobia）

広場恐怖症（agoraphobia）
自宅を離れることを病的に恐れる

◆ガリー医師の水治療

ダーウィンはガリー医師の温泉療養所で水治療を受けたとき、療養所の近くに家を借りている。見ず知らずの人間と一緒に寝泊りするのをいやがったためであり、体にシーツを巻いたりタオルで体を叩いたりするのもすべて自分の執事にやらせた。ほかの者には指一本触れさせていない。

病気だった娘のアニーが一〇歳のとき、やはりこの療養所に送って水治療を受けさせている。その甲斐なくアニーは療養所で息を引きとり、近くに埋葬された。ダーウィンはほかの人に会うことを恐れるあまり、娘の葬儀にすら出なかった。

同じ理由で、父親の葬式にも顔を出していない。

ふたりの子どもが乳飲み子で亡くなったときには、葬儀に出席した。ふたりとも自宅の近くに埋葬された。

ビーグル号の航海ルート（1831～1836年）

第18章

マリー・キュリー

放射能にむしばまれたラジウムの母

物理学者・化学者

生-1867年11月７日、ポーランド（ワルシャワ）

没-1934年７月４日、フランス（サヴォワ）、享年66

科学はマリー・キュリーの生きがいだった。いや、そんな言い方では生ぬるい。科学は人やお金よりも、睡眠や食事よりも大切なものだった。マリーは一緒におしゃべりをして楽しく笑いあうような女性とは程遠い。そんなことをしているわけにはいかなかったのである。男性中心の科学界で成功するには、スーパーウーマンでなければならなかった。

一八九六年、アントワーヌ・アンリ・ベクレルというフランスの物理学者が、ウランから謎の光線が出ていることを発見した。それを受けてマリーも研究を進めるうち、ウラン鉱石のなかにウラン自体よりも強い光線を放つ物質がひそんでいるのに気づく。いったいなんなのか、その正体を突きとめようと考えた。ピッチブレンドと呼ばれるウラン鉱石を八トンもとり寄せ、研究室とは名ばかりの作業小屋に運ばせる。それから四年の年月をかけ、大量の鉱石を煮溶かして分離する作業を根気よくくり返し、ついに小さじ五分の一ほどの魔法の成分をとり出した。巨大な山を小さなモグラ塚に変えたのである。その物質をマリーはラジウムと名づけ、「私の子ども」と呼んだ。こうして新しい元素に命を吹きこんだが、その元素が結局はマリーの命を奪うこととなった。

マリーはポーランドに生まれる。慎重に物事を進め、何ひとつ忘れることなく、けっして間違いを犯さない。それがこの娘の人生哲学だった。「余暇」という言葉などマリーの辞書にはない。ポーランドでは女子に進学の道が開かれていなかったため、マリーはフランスのソルボンヌ（パリ大学）に入学する。美人だったにもかかわらず、服がみすぼらしかろうが粗末な部屋で暮らそうがお構いなし。何をおいても重要なのは自分の成績だった。

マリーはフランス人の科学者、ピエール・キュリーと出会う。ふたりは結晶学とか圧電水晶とか、ほかの誰にも理解できないようなロマンチックな事柄を語りあった。そしてふたりは結婚する。マリーのウェディングドレスは純白ではない。式が終わったらその足で研究室に向かえるよう、実用本位な紺色の服にした。娘がふたり生まれるが、マリーはわが子と呼ぶラジウムのほうと長い時間を過ごした。

ほぼ九年のあいだ、マリーは来る日も来る日もこの物質に取りくむ。ラジウムは美しかった。まるで妖精が触れていったかのように、不思議なエネルギーをたたえておぼろに光る。ラジウムが放っていたものは放射線であり、がんの治療に役立てられる可能性を秘めていた。

一九〇三年、マリーとピエールはベクレルとともにノーベル物理学賞を受賞する。だが、キュリー夫妻は体調がすぐれなかったため授賞式に出られなかった。研究を始めてからマリーは七キロ近くやせ、その指先は黒く、顔は粉をはたいたように白くなっていた。ピエールはリウマチも手伝って、どうにか歩いているような状態である。

ある日、ピエールは走ってくる馬車をよけきれず、ひかれて亡くなった。

人生と研究のパートナーを失って、マリーは悲しみに打ちひしがれる。けれど仕事中毒でもあったから、ほどなくして研究に戻った。やがて亡き夫の跡を継いでソルボンヌ初の女性教授となり、放射能について講義をした〔訳注 「放射能」という言葉をつくったのはマリーである〕。

スーパーウーマンのマリーは、二度目のノーベル賞を今度は化学の分野で受賞する。第一次世界大戦中の数年間は、X線装置を載せた大型車を運転して全国を回り、負傷兵の体内に食いこんだ銃弾を見つけるのに力を尽くした。研究に戻ってからはビーカーと実験用バーナーを手に、放射性物質を医療で利用する道を探りはじめる。

しかし、マリー自身にもなんらかの医療が必要だった。黒くなった指先はひび割れて体液がしみ出し、鈍くなった感覚をとり戻そうとマリーは絶えず指をこすり合わせていた。耳鳴りがひどく、頬はこけ、体は骨と皮ばかりである。白内障も患い、両目がほとんど見えない。初めにも書いたように、まさしく笑っている場合ではなかった。

体を壊していたのはマリーだけではない。研究を手伝ってもらっていたかつての教え子は、片腕をつけ根から切断する羽目になった。アメリカでも、若い女性工員が時計の文字盤にラジウム入りの夜光塗料を塗る作業をしていて、三年間に一五人が命を落としたことが明るみに出る。

マリーは以前の活力を失っていった。筋肉や脳に酸素を運ぶ赤血球が危険なまでに不足していたのである。体全体が痛み、あれだけ速かった頭の回転も鈍くなっていく。

マリーは現実から目を背けていた。スーパーウーマンのキュリー夫人にとってラジウムはクリプトナイトであり、力を奪うものだというのはわかりきっているのに〔訳注　クリプトナイトとは、スーパーマンの超能力を吸いとるという設定の架空の鉱物〕。その後も試験管を素手で扱いつづけ、口にくわえたピペットで有害な物質を吸いあげては、容器から容器へと移すのをやめようとしなかった。

ある日、研究室にいたときのこと、さすがのマリーも無視できないほどの高熱に襲われる。全身を動かしていたエンジンが止まった。すでに骨髄の機能は壊れ、タンクに残った最後の血液だけで走っている。そして二度とふたたび満タンになることはなかった。

一九三四年七月四日、マリー・キュリーはフランスでこの世に別れを告げる。死因は放射線を浴びつづけたことによる再生不良性貧血。六六歳だった。

自分の命を削ったものが、おぼろに光る美しいわが子だったとマリーは知っていたのだろうか〔訳注　ラジウムよりも大戦中に浴びたX線の影響のほうが大きかったとする見方もある」。そうだとしても、けっして口には出さなかった。ただし、亡くなる間際だけは別だったようである。病床でマリーは、新鮮な空気を吸えばよくなるのだとしきりに話していた。たしかにそのとおりだったろう。だが、あまりにも遅すぎた。

科学者を志す若い女性にとって、マリー・キュリーは今も大きな道しるべとして光を放ちつづけている。マリーの研究を支えた机もまた放射線を放ち、その光が半分になるにはあと一五〇〇年かかる。

◆再生不良性貧血

新たな血液細胞が骨髄で十分につくられなくなる病気。これにより、赤血球、白血球、血小板がすべて減少する。症状としては、疲れやすい、顔色が悪い、動悸がする、出血しやすい、などがある。

有害物質（薬剤や化学物質など）にさらされたり、防護のないまま放射線を浴びたりすることが原因として知られているが、症例の多くは原因不明である。

◆ラジウム夜光塗料

ラジウム夜光塗料は暗闇で光る性質をもつ。発光物質の結晶粉末にラジウムを混ぜてつくられた。

最初に使用されたのは一九〇二年で、時計の文字盤に塗るためだった。一九二〇年の時点では、すでに四〇〇〇万個以上の腕時計や置時計に使われるまでになっていた。また、家の番地を示す標識や、寝室用スリッパ、釣りの擬似餌《ぎじえ》、劇場の座席番号、拳銃の照準器、人形の目などにも使われている。

一九九〇年代以降は使用が禁止されている。

◆マリー・キュリーへの弔辞

「その強さ、ひたむきな意志、自身に対する厳しさ、客観的な物の見方、曇りのない公正な判断。こうした要素がすべてひとりの個人のなかに見出されるのはきわめてまれなことです。……それが正しい方法とわかれば、夫人は妥協することなく、不屈の精神をもって実行しました」（アルベルト・アインシュタイン、一九三五年一一月二三日にニューヨークのレーリッヒ美術館で行なわれたキュリー夫人の追悼式にて）

第19章
アルベルト・アインシュタイン
脳を盗まれて切りきざまれた天才

物理学者
生-1879年３月14日、ドイツ（ウルム）
没-1955年４月18日、アメリカ（ニュージャージー州プリンストン）、
享年76

この男にかかると、物理学はじつに楽しくてどこかふざけた学問に思えた。アルベルト・アインシュタイン。にこやかで、髪をとかすのをよく忘れ、自転車に乗りながら宇宙の秘密を解きあかす。「$E=mc^2$」というような方程式を、いかにも簡単そうで美しいものに見せた。だが、これほど単純なものを考えつくのは並大抵のことではない。普通の脳のなかでは、およそ二〇〇〇億個の神経細胞が無数につながりあい、思考が時速三〇〇キロを超える速度で神経線維を伝わる。アインシュタインの場合は細胞の数が多かったのかもしれないし、伝達のスピードが速かったのかもしれない。あるいは、ただ単にほかの人より脳が大きかったのか。当の本人は天才だといわれるたびに肩をすくめ、「新しい発想というのは直感的に突然ひらめくものなのだ」と語っていた。

アインシュタインはドイツのユダヤ人一家に生まれる。母親は赤ん坊を見て、頭がやけにふくらんでいるうえに形がゆがんでいるのを心配した。少年は三歳になるまで言葉をしゃべらなかったが、丸々とした頭は幾何学や科学を吸収するのにちょうどいい大きさだった。まもなくその頭脳は教師たちをしのぐようになる。やがて高校を中退し、別の土地ならば学べることがあるかとスイスの工科大学に入った。しかし講義にはあまり出席せずに終わる。アインシュタインの研究室は自分の頭のなかにあったからだ。

一般相対性理論をまとめあげたのはわずか二六歳のとき。光電効果（物質が光を吸収して電子を放出すること）の発見ではノーベル賞を受賞する。誰もがこの男のことを知りたがった。アインシュタインはさまざまな方面から意見を求められ、科学や医学や哲学の名誉博士号を世界中の大学から授与される。

だが、世界はこの間《かん》のほとんどを戦争に費やしていた。第一次世界大戦中、アインシュタインは平和主義者になり、世界政府の樹立を夢見た。第二次世界大戦の足音が近づいてくると、ドイツを逃れてアメリカに亡命する。

その後は二二年にわたり、ニュージャージー州のプリンストン高等研究所で教育と研究の日々を送った。老齢になると、腹部に激痛を覚えるようになる。最善の治療を受けたにもかかわらず、避けがたい現実が訪れた。心臓から腹部に通じる大動脈の壁がこぶ状にふくれあがり、そこから中身が漏れだしたのである。

一九五五年四月一八日、アルベルト・アインシュタインはニュージャージー州で人生の幕を閉じた。死因は腹部大動脈瘤の破裂。七六歳だった。天才として、また人道主義者として、世界一有名だった男はもういない。遺志により、遺体は火葬に付された。

だがその前に、通常の手続きと称して検死解剖が行なわれることになる。その日の当番だった病理医のトマス・ハーヴィーは、目の前にアインシュタインの冷たい体が横たわっているのを見て自分の幸運が信じられなかった。

まずは体の中央を切りひらく。次に、ほぼ八〇年のあいだ中身を守ってきた胸郭《きょうかく》を金《かな》てこのようなものでこじあけた。鉗子《かんし》、はさみ、骨鋸《ほねのこ》、その他さまざまな商売道具を駆使して内臓を調べていく。肝臓に肺、腎臓に心臓、いろいろな腺やろ過組織も、すべて取りはずして台に並べた。

ハーヴィーは遺体の死因が診断どおりであることを確認し、どう考えても必要のない検死解剖は終わる。だが男はこの星のめぐりあわせをみすみす見逃すことができなかった。有名になるチャンスである。

「天才を解剖できる機会なんて、そう毎日はありませんからね」とのちにハーヴィーは話している。アインシュタインの顔はまだアインシュタインそのものに見えた（いささか蠟人形めいてはいたが）。死体のいいところは、何も感じないことである。だから頭頂部でアインシュタインの髪をきれいに前後に分け、分け目に沿って耳から耳まで頭皮を切っても、それをはがして顔までめくっても、さらに首まで引きおろしても、誰も痛くはなかった。

次に、眉毛のすぐ上あたりで横半分に頭蓋骨を切る。このときに使った電動のこぎりは、柔らかい組織を感知すると自動停止する特殊なものだ。それから切れ目にのみを当て、木槌《きづち》を二、三回打ちこむと、アインシュタインの頭蓋骨は湿った音を立てて外れた。

体とつないでいた脊髄《せきずい》などは、すべて切りはなして脳を自由の身にしてやる。故人の遺志にそむき、近親者の許しも得ぬまま、ハーヴィーは脳をとり出した。早く重さが量りたくてしかたがない。誰もが感じていたことをついに自分が確かめるのだ。つまり、アインシュタインの脳はほかの人より大きいということである。そうに決まっている。

天井から吊りさがった秤《はかり》に脳を載せた。およそ一・二キロ。キャベツ一玉分くらいである。これだと平均的な脳よりやや軽い。そんな馬鹿な！　ハーヴィーは有名になるチャンスをそうやすやすとは手放したくなかったので、ホルマリン入りの瓶のなかにアインシュタインの脳を沈めた。

空《から》になった頭蓋骨の黒々とした穴《ブラックホール》には綿《わた》を詰めた。頭蓋骨の上半分を戻し、位置がずれないように気をつけながら、はがした頭皮や顔の皮膚を元どおりに縫いあわせる。頭皮の縫い目を隠すため、高齢の男性がよくやるみたいに髪を変なふうになでつけた。内臓を胴体に返し、胸も閉じあわせて野球のボールのような姿にした。

トマス・ハーヴィーは記者の前で検死解剖の結果を報告する。今やアインシュタインの脳が瓶のなかに浮かんで、臓器保管室に置かれていることなどおくびにも出さずに。解剖室に戻ると、切りきざまれた遺体はすでに火葬に向けて出発していた。

火葬場では、故人の頭の中身が抜かれていることに誰ひとり気づかない。軽くなったアインシュタインの体は焼かれ、遺灰はニュージャージー州のどこかにまかれた。

ハーヴィーはといえば、自分はアインシュタインの脳をもっているのだと上司や家族に自慢した。この手の噂はすぐに広がるものである。アインシュタインの息子であるハンス・アルベルトは、誰かが父親の脳を盗んだことを新聞で知った。怒りくるって病院に電話をかける。ところが何をどういいくるめられたものか、世紀の脳をハーヴィーが保管することを最後には認めてしまう。かならず科学研究のために使うから、とハーヴィーは約束した。

だが病院はそんな親切な見方をしてくれず、ハーヴィーは解雇された。ならばと脳を自宅にもち帰る。なんといってもハンス・アルベルトは自分にくれたのだ。無傷の脳を写真に収めてから半分に切る。そのあと暇を見つけては、脳をランチョンミートくらいの薄さにスライスしていった。全部で二四〇切れ用意する。それから断片を顕微鏡のスライドガラスではさむ。残りの脳は三つの瓶にしまった。時は流れ、アインシュタインの脳はハーヴィーの家の地下室で、ビール用クーラーに入って数十年を過ごす。ハーヴィーの車のトランクに納まって大陸横断の旅をしたこともある。

この男には脳の調べ方など皆目わからず、手を貸してもらえそうな知合いもいない。だから脳のスライド標本をほうぼうの脳研究者に送りつけた。差出人の住所も書かず、その後のフォローもいっさいせずに。

解剖から三〇年たった一九八五年、アインシュタインの脳のかけらを受けとった研究者のひとりは、グリア細胞の数が通常より多いことを発見する。グリア細胞とは、神経細胞をとり囲んで、結合や栄養補給などの働きをする細胞のことだ。しかし、そのせいであれほど賢かったのかどうかは誰にもわからない。

アインシュタインの脳を保管して四〇年、ついにハーヴィーは調べてもらえる人を見つける。カナダのオンタリオ州ハミルトンにあるマックマスター大学のサンドラ・ウィテルソンだ。ウィテルソンに脳のかけら一四個と、無傷のときの写真を送った。調べた結果、アインシュタインの下頭頂小葉《かとうちょうしょうよう》という脳領域（視覚的・空間的な思考をつかさどるところ）が普通より一五パーセント大きく、外側溝《がいそくこう》と呼ばれる大きな溝が部分的になくなっていることがわかる。つまりその部分は溝でふたつに分かれるのではなく、ひとつの大きなかたまりになっていた。

この研究は、ハーヴィーが撮った写真と、解剖の際に測定したデータをもとに行なったものであり、脳自体を調べたわけではない。ハーヴィーは写真に収めてあれこれ測った時点で、しかるべき人に脳を返せばよかった。盗むことほど馬鹿げた選択はない。ハーヴィーは二〇〇七年に亡くなっている。その数年前、アインシュタインの脳をプリンストン病院に車で運び、昔の自分と同じ仕事をしている病理医に渡した。脳は現在もそこにある。

アインシュタインの打ちたてた理論に今なお物理学者は舌を巻く。だが、晩年にアインシュタインがもうひとつの理論を唱えていたのを知っているだろうか。「子どもたちや若い世代のなかに私たちが生きつづけていけるのなら、死は終わりではない。なぜなら子どもたちは私たち自身なのだから。私たちの肉体は生命の木に残った枯葉にすぎない」

◆アインシュタインの目玉

眼科医のヘンリー・エイブラムズは、アインシュタインの死体とともに数分間を過ごした。そのとき素手でアインシュタインのまぶたをあけ、目玉の根元を切って自由の身にしてやり、鉗子でつかみ出した。それをホルマリン入りの瓶に納めて家にもち帰った。

エイブラムズは二〇〇九年に亡くなっているが、アインシュタインの目玉は今もニュージャージー州のどこかの銀行で、貸し金庫のなかに眠っているといわれる。

◆火葬入門

アメリカでは次のような手順で火葬を行なう。

一．装身具、歯の詰め物に使われている金、ペースメーカー、義肢、そのほか体内に埋めこまれている装置類はすべて外す。どれも燃えないからであり、そのままだと火葬炉を損傷させるおそれもある。

二．炎の温度を摂氏七六〇〜九八〇度くらいにする。

三．遺体がむらなく焼けていることを確認する。そうでない場合は位置を動かす。

四．一時間半から三時間ほど待つ。遺体の大きさによって時間は異なる。

五．遺灰を冷ます。

六．火葬炉から遺灰をかき出す（前に焼かれた人のも多少は混じる）。

七．白っぽい遺灰は一・四〜四キロほどになるので、それを納められる壺を用意する。

ミニ知識

火葬は一度に一体ずつ行なう。ただし許可を得ていれば、近親者を一緒に火葬することもできる。

◆アインシュタインの名言

・「誰も私を理解していないのに、どうしてみんな私が好きなんだろう」
・「名声を得るにつれて、私はますます愚かになっていく。もちろんこれはごくありふれた現象だが」
・「私には特別な才能があるわけではない。ただひどく好奇心が強いだけだ」
・「自然を深く深く覗きこめば、すべてがもっとよく理解できるようになる」
・「真に偉大な人間になる道はひとつしかない。世間の荒波に揉まれて苦労することだ」
・「幸せな人生を送りたいなら、それをなんらかの目標と結びつけなさい。人や物とではなく」
・「私たちは……戦争の源泉を枯渇させることに身を捧げなければならない。つまり兵器工場のことである」

おわりに

本書に出てきた人たちが有名になったのは、どう死んだかではなくどう生きたかによるものだ。情熱を傾け、自らを信じ、懸命に努力したからこそ、歴史にその名を刻んでいつまでも記憶される人物となった。考えてみてほしい。カエサル、コロンブス、エリザベス一世、ガリレオ、モーツァルト、ベートーヴェン、ポー、ディケンズ、ダーウィン、キュリー、そしてアインシュタインは、亡くなる間際まで仕事をしていた。みんな自分のしていることを心から愛し、たぶんそれを仕事とも思わず、楽しく遊んでいるような気持ちでいたに違いない。

本書の登場人物たちは、生きた時代も地域もさまざまだが、じつは互いに影響を与え、思いがけぬ偶然によって結びついてもいる。モーツァルトはベートーヴェンのピアノを聞いた。マリー・アントワネットはモーツァルトの演奏を見た。アントワネットがギロチンにかけられたことが、ナポレオンによるフランス支配への道を開いた。

ナポレオンがエジプト遠征をした際に兵士がロゼッタストーンを発見し、それが象形文字《ヒエログリフ》を解読する手がかりとなって、ツタンカーメン王の時代の文書も翻訳された。カエサルとクレオパトラは恋仲だった。ディケンズはポーの作品を読み、ポーはディケンズを読んだ。アインシュタインはひらめきが得られるとして、モーツァルトの音楽を愛した。

この偉人たちをどれくらい素晴らしいと思うかには差があるかもしれない。でも、どの話からも学べることがひとつある。読者が人生で何を目指しているにせよ、決めるのは自分だということである。読者がどんな物語を生きているのであれ、今自分のしていることが楽しくてしかたないなら、それはとても大事なものを手にしている証拠だ。それをするのが運命なのである。誰に何をいわれようと、やめてはいけない。

なぜなら……理由は簡単。

どんな人の物語も、いつかはかならず終わるからだ。

そして今、本書にもその時が来たようである。

人物相関図

この本で取りあげた歴史上の人物には、興味深いつながりがある。

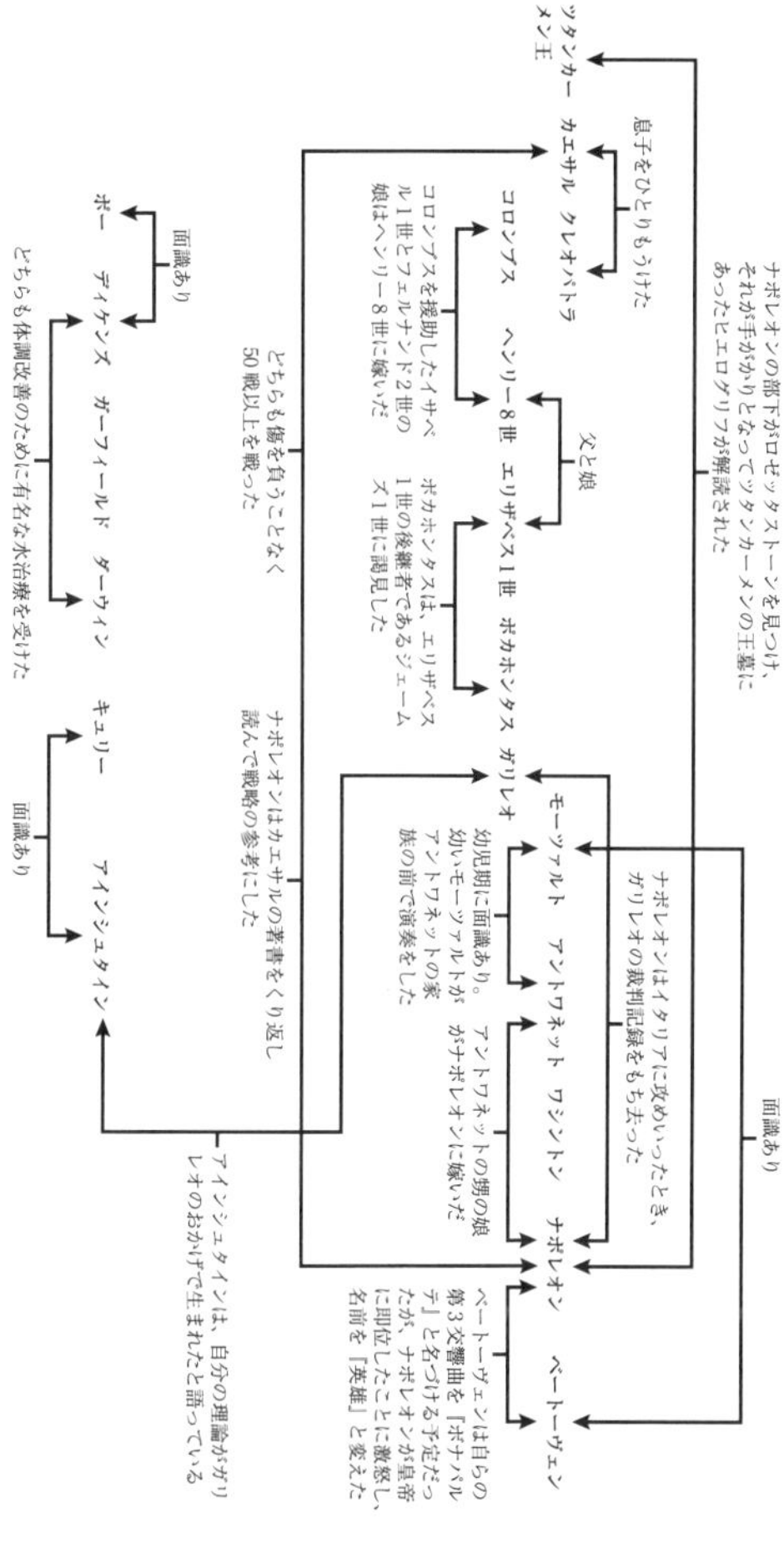

謝辞

エドワード・ネカーサルマー四世に感謝する。血なまぐさい話を集めた本には書く価値があることを理解し、その見識によってエミリー・イーストソンというまたとない編集者を見つけてくれた。

また、以下の方々にもお礼をいいたい。その賢明な助言がなければ、本書はたちまち死を迎えていただろう。ジェニー・ブラッグ、リーア・コマイコ、ヴィクトリア・ベック、クリスティーン・バーナーディ、トレーシー・ホルツァー、レスリー・マーゴリス、エリザベス・パサレリ、アン・ラインハート、アンジェラ・ウィーンチェク、キャスリーン・ヤング。

訳者あとがき

　歴史上の有名人というのは、実在した生身の人間というより物語の主人公のように思えるものだ。自分とはかけ離れたドラマチックな生涯を送り、何百年も何千年も先まで語りつがれる何かを残した人たち。なかには、もはや「人」ですらなくひとつの「アイコン」であるように感じられたり、単にその業績のみが記憶されたりしている人物もいる。たとえばダーウィンなら「進化論」、ガリレオなら「地動説」とたいていの人がすぐに答えられても、ふたりが私たちと同じように息をして歩きまわり、家族をもち、体調不良に悩み苦しみもし、どんな人間とも同じように死んだとまでは、なかなか思いいたらないのではないだろうか。

　だが、もちろん偉人も人の子。死は避けられない。そしてその死を、ただ単に「何が原因だったか」だけでなく「具体的にどのようなプロセスで死んだか」に焦点を当てて取りあげたのが本書である。

この「具体的に」がミソであり、本書のユニークなところだ。死ぬ過程の話と聞いて眉をひそめることなかれ。恐ろしいがおもしろく、勉強にもなり、驚きに満ちている。不謹慎といえば不謹慎。しかし、目を覆った指の隙間からどうしても覗きたくなるような魔力が死の物語にはある。それに、悲惨で残酷な話であっても、独特のユーモアにくるんで淡々飄々《ひょうひょう》と語っていくのがこの本の持ち味だ。だから、衝撃的でありながら過剰などぎつさがなく、ときにくすっと笑いながら楽しく読みすすめることができてしまう。本書の試訳を担当の編集の方に初めて見てもらったとき、「まるで落語のような味わいがある」と話してくれたが、まさにいいえて妙である。

何より、病気や死といった側面を見ることで、偉業を綴った偉人伝を読む以上にその人への親しみが湧いてくるから不思議なものだ。どの人物もひどく人間的な存在に感じられ、一般には「悪役」として位置づけられるような人であっても妙に憎めない。なんとも愛おしくなってくる。

加えて興味深いところは、本書がさながら「恐怖の医学史」の様相を呈している点だ。病気の症状自体よりもはるかに過酷なのが、施された医療である。どれもその時代としては「最善の治療法」だったとはいえ、何もしないほうが助かっただろうといいたくなるものばかりで、気の毒なことこの上ない。現代の医学にしみじみと感謝したくなる。もっとも現代医学といえども「現時点で最善」というだけのこと。著者が

「はじめに」でも書いているように、未来の人が現代をふり返れば「なんと野蛮な」と絶句するかもしれない。そうした医学の来し方行く末に思いを馳せたくなるところも、本書の魅力のひとつだろう。

著者のジョージア・ブラッグはアメリカの作家であり、おもに子ども向けの本を執筆している。本書もアメリカではヤングアダルトを対象にした書籍として出版された。ブラッグがこの本を書いたのは、子どもたちや若い世代にもっと歴史に興味をもってもらいたかったからだという。

この狙いは大人が相手でも成功しているといえる。たぶん大勢の人が、本書に出てくる一九人の大半についてどうやって死んだかをまったく知らなかったに違いない。そして知った今は、俄然それぞれの人物に興味を覚えているのではないだろうか。死に方が有名な場合でも、短いページのなかに何かしら新たに学ぶことがあったはずだ。また死の物語だけでなく、その時代の文化・風習・考え方などの一端がさりげなく織りこまれているところも優れている。

いうまでもないがどの偉人にも、この本を丸々一冊費やしても足りないくらいの人生の物語がある。本書でも生前の足跡はごく簡単に触れられているものの、あくまで著者の視点で短く切りとって組みたてたものにすぎない。興味の湧いた人物に関しては、是非さらに詳しく調べてみてほしい。

前述のとおり原書はヤングアダルト向けとして刊行されたが、日本語版ではとくにそれを意識することなく大人向けとして訳した。もちろん文章は平易であるし各章も短いので、日本でも中学生くらいから十分に読めるだろう（血なまぐさい話が苦手でさえなければ、の話だが）。幅広い層に楽しんでいただければ幸いだ。

なお、翻訳の一部は工藤奈月さん、竹中晃実さん、山田由香里さんにお手伝いいただいた。記してお礼を申しあげる。最後になるが、訳者の詰めの甘さを的確に補ってくださった校正者の方、また日本語版の刊行実現に向けて尽力してくださり、きめ細かくサポートしてくださった河出書房新社編集部の九法崇さんに、この場を借りて心より感謝申しあげる。

二〇一四年一月

梶山あゆみ

文庫版追記

本書は二〇一四年三月に単行本として刊行された異色の偉人伝である。歴史上の有名人が「具体的にどう死んだか」を綴った本としては現在も類書は見当たらず、本書は今なお異彩を放っている。このたび改題のうえ文庫化の運びとなり、訳者としてこれほど嬉しいことはない。

初めて原書を読んだのはかれこれ五年近く前。そのときの衝撃はいまだに忘れられない。何より「治療」という名の残虐行為（といいたくなるもの）の数々に度肝を抜かれたし、それを耐えねばならなかった人たちへの同情の念に堪えなかった。「もう構わないでくれ。静かに逝《い》かせてほしい。長くはないから」というワシントンの言葉に代表されるような、悲惨さのほうに強く惹かれたものである。

今回、久しぶりに読みなおす機会を得てとくに心に残ったのは、そんな目に遭いながらも仕事に邁進する偉人たちの姿だ。完全に失明し、全身の痛みで動けなくなっても、体を椅子ごと運ばせて研究を続けたガリレオ・ガリレイ。みるみる容体が悪化していくあいだも、けっして作曲をやめなかったモーツァルト。半身が麻痺しても激痛に苛まれても、舞台袖に医者を待機させて朗読公演を敢行したディケンズ。病と治療で消耗しきっていても、死の数日前に珍しい標本を嬉々として調べたダーウィン。それぞれの目は、自らの病気も苛酷な治療も、さらには死すらも超越したところを強い意志で見つめていたように思える。そこに、この人たちが「偉大」といわれる理由の一端があるのかもしれない。

生と死、人生と仕事、いつの世も変わらぬ人間の苦しみと医学の進歩。本書を通じてきっとそんなことに思いを馳せたくなるはずだ。この機に、より多くの方々に手に取っていただけることを願ってやまない。なお文庫化にあたっては、さらに読みやすくなるように言い回し等を一部改めたことをお断りしておく。

梶山あゆみ

二〇一七年一一月

Kaku, Michio. *Einstein's Cosmos.* New York: W. W. Norton & Company, 2004.（『アインシュタイン――よじれた宇宙（コスモス）の遺産』ミチオ・カク著、菊池誠監修、槇原凜訳、WAVE 出版、2007年）

Paterniti, Michael. *Driving Mr. Albert: A Trip across America with Einstein's Brain*. New York: Dell Publishing, 2000.（『アインシュタインをトランクに乗せて』マイケル・パタニティ著、藤井留美訳、ソニー・マガジンズ、2002年）

Shermer, Michael. *Why Darwin Matters*. New York: Henry Holt and Company, 2006.

Smith, Cameron M., and Charles Sullivan. *The Top 10 Myths about Evolution*. New York: Prometheus Books, 2007.

Stott, Rebecca. *Darwin and the Barnacle*. New York: W. W. Norton & Company, 2003.

第18章　マリー・キュリー

Curie, Eve. *Madame Curie: A Biography*. New York: Doubleday, Doran & Company, 1937.（『キュリー夫人伝』エーヴ・キュリー著、河野万里子訳、白水社、2006年）

Goldsmith, Barbara. *Obsessive Genius: The Inner World of Marie Curie*. New York: W. W. Norton & Company, 2005.（『マリー・キュリー――フラスコの中の闇と光』バーバラ・ゴールドスミス著、小川真理子監修、竹内喜訳、WAVE出版、2007年）

第19章　アルベルト・アインシュタイン

Abraham, Carolyn. *Possessing Genius: The Bizarre Odyssey of Einstein's Brain*. Toronto: Viking, 2001.

Calaprice, Alice. *The Einstein Almanac*. Baltimore and London: The Johns Hopkins University Press, 2005.（『アインシュタインは語る』アリス・カラプリス編、林一訳、大月書店、1997年）

Calaprice, Alice. *The Quotable Einstein*. Princeton, NJ: Princeton University Press, 1996.

Isaacson, Walter. *Einstein: His Life and Universe*. New York: Simon & Schuster, 2007.（『アインシュタイン――その生涯と宇宙』ウォルター・アイザックソン著、二間瀬敏史監訳、関宗蔵／松田卓也／松浦俊輔訳、武田ランダムハウスジャパン、2011年）

Hidden History of an Enigmatic Agency. New York: Carroll & Graf, 2002.
Rosen, Fred. *The Historical Atlas of American Crime*. New York: Checkmark Books, 2005.
Rutkow, Ira. *James A. Garfield*. New York: Henry Holt and Company, 2006.
Schaffer, Amanda. "A President Felled by an Assassin and 1880s Medical Care." *The New York Times*, July 25, 2006.

第17章　チャールズ・ダーウィン

Browne, Janet. *Charles Darwin: The Power of Place*. New York: Alfred A. Knopf, 2002.
Browne, Janet. *Charles Darwin: Voyaging*. New York: Alfred A. Knopf, 1995.
Clark, Ronald W. *The Survival of Charles Darwin: A Biography of a Man and an Idea*. New York: Random House, 1984.
Darwin, Charles. *The Autobiography of Charles Darwin: 1809-1882*. New York: Harcourt, Brace and Company, 1959.（『ダーウィン自伝』チャールズ・ダーウィン著、八杉龍一／江上生子訳、ちくま学芸文庫、2000年）
Desmond, Adrian, and James Moore. *The Life of a Tormented Evolutionist: Darwin*. New York: Warner Books, 1991.
Hayden, Thomas. "What Darwin Didn't Know: Today's Scientists Marvel That the 19th-Century Naturalist's Grand Vision of Evolution Is Still the Key to Life." *Smithsonian*, February 2009.
Quammen, David. "Darwin's First Clues." *National Geographic*, February 2009.
Quammen, David. *The Reluctant Mr. Darwin*. New York: W. W. Norton & Company, 2006.

1897.

Kaplan, Fred. *Dickens: A Biography*. New York: William Morrow and Co., 1988.

Magill, Frank N. *Masterplots: Cyclopedia of Literary Characters*. New York: Salem Press, Inc., 1963.

Mankowitz, Wolf. *Dickens of London*. New York: Macmillan Publishing Co., Inc., 1977.

Paroissien, David. *Selected Letters of Charles Dickens*. Boston: Twayne Publishers, 1985.

Priestley, John Boyton. *Charles Dickens: A Pictorial Biography*. New York: Viking Press, 1962.

Wilson, Edmund. "The Two Scrooges." In *The Wound and the Bow: Seven Studies in Literature*. Cambridge, MA: Houghton Mifflin Company, 1941.（「ディケンズ――二人のスクルージ」エドマンド・ウィルソン著、『エドマンド・ウィルソン批評集2　文学』所収、中村紘一／佐々木徹／若島正訳、みすず書房、2005年）

第16章　ジェームズ・A・ガーフィールド

Ackerman, Kenneth. *Dark Horse: The Surprise Election and Political Murder of President James A. Garfield*. New York: Carroll & Graf, 2003.

Bumgarner, John R. "James Abram Garfield." In *The Health of the Presidents: The 41 United States Presidents Through 1993 from a Physician's Point of View*. Jefferson, NC: McFarland & Company, 1994.

Marx, Rudolph. *The Health of the Presidents*. New York: G. P. Putnam's Sons, 1960.

Melanson, Philip H., with Peter F. Stevens. *The Secret Service: The

Hayes, Kevin J. *The Cambridge Companion to Edgar Allan Poe*. New York: Cambridge University Press, 2002.

Hutchisson, James M. *Poe*. Jackson, MS: University Press of Mississippi, 2005.

Lepore, Jill. "The Humbug: Edgar Allan Poe and the Economy of Horror." *The New Yorker*, April 27, 2009.

Meltzer, Milton. *Edgar Allan Poe: A Biography*. Minneapolis, MN: Twenty-First Century Books, 2003.

"Poe's Death Is Rewritten as Case of Rabies, Not Telltale Alcohol." *The New York Times*, September 15, 1996.

Savoye, Jeffrey A. "Two Biographical Digressions: Poe's Wandering Trunk and Dr. Carter's Mysterious Sword Cane." Baltimore, MD: Edgar Allan Poe Society of Baltimore, Fall 2004.

Walsh, John Evangelist. *Midnight Dreary: The Mysterious Death of Edgar Allan Poe*. Piscataway, NJ: Rutgers University Press, 1998.

第15章　チャールズ・ディケンズ

Bowen, W. H. *Charles Dickens and His Family*. Cambridge, UK: W. Heffer & Sons Ltd., 1956.

Epstein, Norrie. *The Friendly Dickens*. New York: Penguin Books, 1998.

Fido, Martin. *Charles Dickens: An Authentic Account of His Life & Times*. New York: Hamlyn Publishers, 1973.

Forster, John. *The Life of Charles Dickens*. London: Chapman & Hall, 1874.（『定本チャールズ・ディケンズの生涯』ジョン・フォースター著、宮崎孝一監訳、研友社、1985、1987年）

Dickens, Sir Henry Fielding. *Memories of My Father*. Great Britain: Duffield & Company, 1929.

Dickens, Mamie. *My Father as I Recall Him*. New York: Dutton,

2000.

Mai, François Martin. *Diagnosing Genius: The Life and Death of Beethoven*. Montreal: McGill-Queens University Press, 2007.

Marek, George R. *Beethoven: Biography of a Genius*. New York: Funk & Wagnalls, 1996.

Martin, Russell. *Beethoven's Hair*. New York: Broadway Books, 2000.（『ベートーヴェンの遺髪』ラッセル・マーティン著、高儀進訳、白水社、2001年）

Maugh II, Thomas H. "Research Shows Beethoven Had Lead Poisoning." *Los Angeles Times*, October 18, 2000.

Meredith, William. "The History of Beethoven's Skull Fragments." *The Beethoven Journal*. The Ira F. Brilliant Center for Beethoven Studies, San Jose State University: Summer & Winter 2005.

Ries, Ferdinand, and Franz Wegeler. *Beethoven Remembered: The Biographical Notes of Franz Wegeler and Ferdinand Ries*. Arlington, VA: Great Ocean Publishers, 1987.

Solomon, Maynard. *Late Beethoven: Music, Thought, Imagination*. Berkeley and Los Angeles: University of California Press, 2004.

Sorsby, Maurice. "Beethoven's Deafness." In *Tenements of Clay: Medical Biographies of Famous People by Modern Doctors*. New York: Charles Scribner's Sons, 1974.

第14章　エドガー・アラン・ポー

Ackroyd, Peter. *Poe: A Life Cut Short*. New York: Nan A. Talese, 2008.

Bloom, Harold. *Edgar Allan Poe: Comprehensive Research and Study Guide*. Broomall, PA: Chelsea House Publishers, 1999.

Bloom, Harold. *The Tales of Poe*. New York: Chelsea House Publishers, 1987.

第12章　ナポレオン・ボナパルト

Dwyer, Philip. *Napoleon: The Path to Power*. New Haven: Yale University Press, 2008.

Gengembre, Gerard. *Napoleon: The Immortal Emperor*. New York: Vendome Press, 2003.

Giles, Frank. *Napoleon Bonaparte: England's Prisoner*. New York: Carroll & Graf, 2001.

Hapgood, David, and Ben Weider. *The Murder of Napoleon*. New York: Congdon & Lattes, Inc., 1982.（『ナポレオンは毒殺だった――没後百六十年初めて明らかにされた新事実』ベン・ワイダー／デイヴィッド・ハップグッド著、吉田暁子訳、中央公論社、1983年）

Hindmarsh, Thomas J., and John Savory. "The Death of Napoleon, Cancer or Arsenic?" *Chemical Chemistry*, December 1, 2008.

Johnson, Paul. *Napoleon*. New York: Penguin, 2002.（『ナポレオン』ポール・ジョンソン著、富山芳子訳、岩波書店、2003年）

MacKenzie, Norman Ian. *The Escape from Elba: The Fall and Flight of Napoleon*. New York: Oxford University Press, 1982.

Walter, Jakob. *The Diary of a Napoleonic Foot Soldier*. New York: Doubleday, 1991.

第13章　ルートヴィヒ・ヴァン・ベートーヴェン

Breuning, Gerhard von. *Memories of Beethoven: From the House of the Black-Robed Spaniards*. Cambridge, UK: Press Syndicate, 1992.

Hui, A. C. F., and S. M. Wong. "Deafness and Liver Disease in a 57-Year-Old Man: A Medical History of Beethoven." *Hong Kong Medical Journal*. Hong Kong Academy of Medicine. December

Bumgarner, John R. "George Washington." In *The Health of the Presidents: The 41 United States Presidents Through 1993 from a Physician's Point of View.* Jefferson, NC: McFarland & Company, 1994.

Giscard d'Estaing, Valerie-Anne. *The Second World Almanac Book of Inventions.* New York: Ballantine Books, 1986.

Ellis, Joseph J. *His Excellency: George Washington.* New York: Alfred A. Knopf, 2004.

Evans, Dorinda. *The Genius of Gilbert Stuart.* Princeton, NJ: Princeton University Press, 1999.

Flexner, Thomas James. *George Washington: Anguish and Farewell (1793-1799).* Boston: Little, Brown and Company, 1972.

Henriques, Peter R. *The Death of George Washington: He Died as He Lived.* Mount Vernon, VA: The Mount Vernon Ladies' Association, 2000.

Marx, Rudolph. *The Health of the Presidents.* New York: G. P. Putnam's Sons, 1960.

Porter, Roy. *Cambridge Illustrated History: Medicine.* Cambridge, UK: Cambridge University Press, 1996.

Randall, Sterne Willard. *George Washington: A Life.* New York: Henry Holt & Company, 1997.

Schwartz, Barry. *George Washington: The Making of an American Symbol.* New York: The Free Press, a division of Macmillan, Inc., 1987.

Terkel, Susan Neiburg. *Colonial American Medicine.* New York: Franklin Watts, 1993.

Ward, Brian. *The Story of Medicine.* New York: Lorenz Books, 2000.

Society of Nephrology. 1992; 2:1671-1676.

Hildesheimer, Wolfgang. *Mozart*. New York: Farrar, Straus and Giroux, 1982.（『モーツァルト』ヴォルフガング・ヒルデスハイマー著、渡辺健訳、白水社、1979年）

Landon, H. C. Robbins. *Mozart's Last Year*. New York: Schirmer Books, 1988.（『モーツァルト最後の年』H・C・ロビンズ・ランドン著、海老澤敏訳、中央公論新社、2001年）

Mozart, Wolfgang Amadeus. *Mozart's Letters, Mozart's Life*. Robert Spaethling, ed. New York: W. W. Norton, 2000.

Ross, Alex. "The Storm of Style: Listening to the Complete Mozart." *The New Yorker*, July 24, 2006.

Rushton, Julian. *Mozart*. New York: Oxford University Press, 2006.

Solomon, Maynard. *Mozart: A Life*. New York: HarperCollins Publishers, 1995.（『モーツァルト』メイナード・ソロモン著、石井宏訳、新書館、1999年）

第10章　マリー・アントワネット

Campan, Jeanne Louise Henriette. *The Private Life of Marie Antoinette*. New York: Scribner and Welford, 1887.

Fraser, Antonia. *Marie Antoinette: The Journey*. New York: Anchor Books, 2001.（『マリー・アントワネット』アントニア・フレイザー著、野中邦子訳、ハヤカワ文庫NF、2006年）

Gower, Lord Ronald. *Last Days of Marie Antoinette: A Historical Sketch*. Boston: Roberts Brothers, 1892.

第11章　ジョージ・ワシントン

Brady, Patricia. *Martha Washington: An American Life*. New York: The Viking Press, 2005.

ン・ドレイク著、赤木昭夫訳、産業図書、1993年)
Finocchiaro, Maurice A. *Retrying Galileo*. Berkeley: University of California Press, 2005.
Machamer, Peter. *The Cambridge Companion to Galileo*. New York: Cambridge University Press, 1998.
Porter, Roy, and G. S. Rousseau. *Gout: The Patrician Malady*. New Haven and London: Yale University Press, 1998.
Redondi, Pietro. *Galileo: Heretic*. Princeton, NJ: Princeton University Press, 1967.
Rowland, Wade. *Galileo's Mistake*. New York: Arcade Publishing, 2003.
Sobel, Dava. *Galileo's Daughter: A Historical Memoir of Science, Faith, and Love*. New York: Walker & Company, 1999.(『ガリレオの娘――科学と信仰と愛についての父への手紙』デーヴァ・ソベル著、田中勝彦訳、田中一郎監修、DHC、2002年)
Weissmann, Gerald. *Galileo's Gout: Science in an Age of Endarkenment*. New York: Bellevue Literary Press, 2007.

第9章 ヴォルフガング・アマデウス・モーツァルト

Bakalar, Nicholas. "What Really Killed Mozart? Maybe Strep." *The New York Times*, August 18, 2009.
Davenport, Marcia. *Mozart*. New York: Barnes & Noble Books, 1995.
Gay, Peter. *Mozart*. New York: Viking, 1999.(『モーツァルト』ピーター・ゲイ著、高橋百合子訳、岩波書店、2002年)
Glover, Jane. *Mozart's Women: His Family, His Friends, His Music*. New York: HarperCollins Publishers, 2005.
Guillery, Edward N. "Did Mozart Die of Kidney Disease? A Review from the Bicentennial of His Death." *Journal of the American*

第7章　ポカホンタス

Ackerknecht, Erwin H. *History and Geography of the Most Important Diseases*. New York: Hafner Publishing Company, Inc., 1965.

Allen, Paula Gunn. *Pocahontas: Medicine Woman, Spy, Entrepreneur, Diplomat*. San Francisco: HarperCollins Publishers, 2003.

Custalow, Dr. Linwood. "Little Bear." In *The True Story of Pocahontas: The Other Side of History*. Colorado: Fulcrum Publishing, 2007.

Daniel, Angela L. "Silver Star." In *The True Story of Pocahontas: The Other Side of History*. Colorado: Fulcrum Publishing, 2007.

Hume, Ivor Noel. *The Virginia Adventure: Roanoke to James Towne: An Archaeological and Historical Odyssey*. New York: Alfred A. Knopf, 1994.

Kelso, William M. *Jamestown, the Buried Truth*. Charlottesville, VA: University of Virginia Press, 2006.

Mossiker, Frances. *Pocahontas: The Life and the Legend*. New York: Alfred A. Knopf, 1967.

Price, David A. *Love and Hate in Jamestown*. New York: Alfred A. Knopf, 2003.

Townsend, Camilla. *Pocahontas and the Powhatan Dilemma*. New York: Hill and Wang, 2004.

第8章　ガリレオ・ガリレイ

Bragg, Melvyn. *On Giants' Shoulders: Great Scientists and Their Discoveries-from Archimedes to DNA*. London: Hodder & Stoughton, 1998.

Drake, Stillman. *Galileo: Pioneer Scientist*. Toronto: University of Toronto Press, 1994.（『ガリレオの思考をたどる』スティルマ

Ballantine Books, 2001.
Weir, Alison. *The Six Wives of Henry VIII.* New York: Grove Press, 1991.
Williams, Neville. *Henry VIII and His Court.* New York: The Macmillan Company, 1971.

第6章　エリザベス1世

Dunn, Jane. *Elizabeth and Mary: Cousins, Rivals, Queens.* New York: Alfred A. Knopf, 2003.
Jenkins, Elizabeth. *Elizabeth the Great.* New York: Coward-McCann, Inc., 1959.
Johnson, Paul. *Heroes: From Alexander the Great and Julius Caesar to Churchill and de Gaulle.* New York: HarperCollins Publishers, 2007.
Loades, D. M. *Elizabeth I.* London: Hambledon and London, 2003.
Plowden, Alison. *The Young Elizabeth: The First Twenty-five Years of Elizabeth I.* Stroud, Gloucestershire: Sutton Publishing Ltd., 1999.
Ridley, Jasper. *Elizabeth I: The Shrewdness of Virtue.* New York: Viking Penguin Inc., 1987.
Strachey, Lytton. *Elizabeth and Essex.* New York: Harcourt, Brace and Company, 1928.（『エリザベスとエセックス──王冠と恋』リットン・ストレイチー著、福田逸訳、中公文庫、1999年）
Weir, Alison. *The Children of Henry VIII.* New York: Ballantine Books, 2008.
Weir, Alison. *The Life of Elizabeth I.* New York: Ballatine Books, 1998.

1985.
Morison, Samuel Eliot. *Admiral of the Ocean Sea: A Life of Christopher Columbus*. Boston: Little, Brown and Company, 1942.
Weissmann, Gerald. *They All Laughed at Christopher Columbus: Tales of Medicine and the Art of Discovery*. New York: Times Books, 1987.
Wilford, John Noble. *The Mysterious History of Columbus: An Exploration of the Man, the Myth, the Legacy*. New York: Alfred A. Knopf, 1991.

第5章 ヘンリー8世

Bowle, John. *Henry VIII: A Biography*. Boston: Little, Brown and Company, 1964.
Brinch, Ove. "The Medical Problems of Henry VIII." In *Tenements of Clay: An Anthology of Medical Biographical Essays*. New York: Charles Scribner's Sons, 1974.
Bruce, Marie Louise. *The Making of Henry VIII*. New York: Coward, McCann & Geoghegan, 1977.
Cohen, Bertram. "King Henry VIII and the Barber Surgeons." *Annals of the Royal College of Surgeons of England*. Vol. 40; London: Dorriston House, 1967.
Erickson, Carolly. *Great Harry*. New York: Summit Books, 1980.
Morrison, Brysson. *The Private Life of Henry VIII*. New York: Vanguard Press, Inc., 1964.
Starkey, David. *Six Wives: The Queens of Henry VIII*. New York: HarperCollins Publishers, 2003.
Weir, Alison. *The Children of Henry VIII*. New York: Ballantine Books, 1996.
Weir, Alison. *Henry VIII: The King and His Court*. New York:

Chauveau, Michel. *Cleopatra: Beyond the Myth*. Ithaca, NY: Cornell University Press, 2002.

Empereur, Jean-Yves. *Alexandria Rediscovered*. New York: G. Braziller, 1998.

Emsley, John. *Elements of Murder*. New York: Oxford University Press, 2005.（『毒性元素——謎の死を追う』ジョン・エムズリー著、渡辺正／久村典子訳、丸善、2008年）

Foreman, Laura. *Cleopatra's Palace: In Search of a Legend*. New York: Discovery Books, 1999.（『悲劇の女王クレオパトラ——失われた宮殿に眠る最後のファラオ』ローラ・フォアマン著、岡村圭訳、原書房、2000年）

Grant, Michael. *Cleopatra*. London: Phoenix Press, 2000.

Kleiner, Diana E. E. *Cleopatra and Rome*. Cambridge, MA: Belknap Press of Harvard University Press, 2005.

第4章　クリストファー・コロンブス

Brinkbäumer, Klaus, and Clemens Höges. *The Voyage of the Vizcaina: The Mystery of Christopher Columbus's Last Ship*. Orlando, FL: Harcourt, 2006.

Carpenter, Kenneth J. *The History of Scurvy and Vitamin C*. New York: Cambridge University Press, 1986.

Columbus, Christopher. *The Log of Christopher Columbus' First Voyage to America in the Year 1492*. Hamden, CT: Linnet Books, 1989.

Dugard, Martin. *The Last Voyage of Columbus: Being the Epic Tale of the Great Captain's Fourth Expedition, Including Accounts of Swordfight, Mutiny, Shipwreck, Gold, War, Hurricane, and Discovery*. New York: Little, Brown and Company, 2005.

Granzotto, Gianni. *Christopher Columbus*. New York: Doubleday,

drhawass.com
Leca, Ange-Pierre. *The Egyptian Way of Death: Mummies and the Cult of the Immortal*. New York: Doubleday, 1981.
Parkinson, Richard. *Pocket Guide to Ancient Egyptian Hieroglyphs*. New York: Barnes & Noble Books, 2003.
Stanek, Steven. "King Tut's Mummy to Be Displayed for 1st Time." *National Geographic News*, 2007.
Stierlin, Henri. *The Gold of the Pharaohs*. Paris: Editions Pierre Terrail, 2003.
Wilford, John Noble. "Malaria Is a Likely Killer in King Tut's Post-Mortem." *The New York Times*, February 16, 2010.

第2章 ユリウス・カエサル

Balsdon, J. P. V. D. *Julius Caesar: A Political Biography*. New York: Atheneum, 1967.
Canfora, Luciano. *Julius Caesar: The Life and Times of the People's Dictator*. Berkeley: University of California Press, 2007.
Goodman, Martin. *The Roman World: 44 BC-AD 180*. New York: Routledge, 1997.
Johnson, Paul. *Heroes: From Alexander the Great and Julius Caesar to Churchill and de Gaulle*. New York: HarperCollins Publishers, 2007.
Parenti, Michael. *The Assassination of Julius Caesar: A People's History of Ancient Rome*. New York: The New Press, 2003.

第3章 クレオパトラ

Bell, Gail. *Poison: A History and a Family Memoir*. New York: St. Martin's Press, 2001.

参考文献

第1章　ツタンカーメン

Boyer, Richard S., R. C. Connolly, Todd C. Grey, and Ernst A. Rodin. "The Skull and Cervical Spine Radiographs of Tutankhamen: A Critical Appraisal." *American Journal of Neuroradiology*. Salt Lake City, UT: The Neuroradiology Education and Research Foundation, 2003.

Budge, E. A. Wallis. *The Mummy*. New York: Collier Books, 1972.

Carter, Howard. *The Tomb of Tutankhamen*. New York: Cooper Square Publishers, 1963.（『ツタンカーメン王の秘密』ハワード・カーター作、塩谷太郎訳、まがみばん絵、講談社青い鳥文庫、2001年）

Cartwright, Frederick F. *The Development of Modern Surgery*. New York: Thomas Y. Crowell Company, 1968.

Cooper, Gregory M., and Michael R. King. *Who Killed King Tut? Using Modern Forensics to Solve a 3,300-Year-Old Mystery*. New York: Prometheus Books, 2004.

Doherty, P. C. *The Mysterious Death of Tutankhamun*. New York: Carroll & Graf, 2002.

El Mahdy, Christine. *Tutankhamen: The Life and Death of the Boy-King*. New York: St. Martin's Press, 1999.

Grosser, Maurice. *The Painter's Eye*. New York: The New American Library of World Literature, Inc., 1951.

Hawass, Zahi. *Tutankhamun and the Golden Age of the Pharaohs*. Washington DC: National Geographic Society, 2005.

Hawass, Zahi. "Tutankhamun CT Scan." Press Release. 2005. www.

＊本書は二〇一四年三月、小社より『偉人は死ぬのも楽じゃない』として刊行され、文庫化にあたり『偉人たちのあんまりな死に方』と改題しました。

偉《い》人《じん》たちのあんまりな死《し》に方《かた》
ツタンカーメンからアインシュタインまで

二〇一八年 一 月一〇日 初版印刷
二〇一八年 一 月二〇日 初版発行

著 者 ジョージア・ブラッグ
訳 者 梶山《かじやま》あゆみ
発行者 小野寺優
発行所 株式会社河出書房新社
〒一五一-〇〇五一
東京都渋谷区千駄ヶ谷二-三二-二
電話〇三-三四〇四-八六一一（編集）
〇三-三四〇四-一二〇一（営業）
http://www.kawade.co.jp/

ロゴ・表紙デザイン 粟津潔
本文フォーマット 佐々木暁
本文組版 株式会社創都
印刷・製本 中央精版印刷株式会社

Printed in Japan ISBN978-4-309-46460-2

人間はどこまで耐えられるのか

フランセス・アッシュクロフト　矢羽野薫〔訳〕　46303-2

死ぬか生きるかの極限状況を科学する！　どのくらい高く登れるか、どのくらい深く潜れるか、暑さと寒さ、速さなど、肉体的な「人間の限界」を著者自身も体を張って果敢に調べ抜いた驚異の生理学。

「困った人たち」とのつきあい方

ロバート・ブラムソン　鈴木重吉／峠敏之〔訳〕　46208-0

あなたの身近に必ずいる「とんでもない人、信じられない人」——彼らに敢然と対処する方法を教えます。「困った人」ブームの元祖本、二十万部の大ベストセラーが、さらに読みやすく文庫になりました。

古代文明と気候大変動　人類の運命を変えた二万年史

ブライアン・フェイガン　東郷えりか〔訳〕　46307-0

人類の歴史は、めまぐるしく変動する気候への適応の歴史である。二万年におよぶ世界各地の古代文明はどのように生まれ、どのように滅びたのか。気候学の最新成果を駆使して描く、壮大な文明の興亡史。

歴史を変えた気候大変動

ブライアン・フェイガン　東郷えりか／桃井緑美子〔訳〕　46316-2

歴史を揺り動かした五百年前の気候大変動とは何だったのか？　人口大移動や農業革命、産業革命と深く結びついた「小さな氷河期」を、民衆はどのように生き延びたのか？　気候学と歴史学の双方から迫る！

FBI捜査官が教える「しぐさ」の心理学

ジョー・ナヴァロ／マーヴィン・カーリンズ　西田美緒子〔訳〕　46380-3

体の中で一番正直なのは、顔ではなく脚と足だった！「人間ウソ発見器」の異名をとる元敏腕FBI捜査官が、人々が見落としている感情や考えを表すしぐさの意味とそのメカニズムを徹底的に解き明かす。

服従の心理

スタンレー・ミルグラム　山形浩生〔訳〕　46369-8

権威が命令すれば、人は殺人さえ行うのか？　人間の隠された本性を科学的に実証し、世界を震撼させた通称〈アイヒマン実験〉——その衝撃の実験報告。心理学史上に輝く名著の新訳決定版。

著訳者名の後の数字はISBNコードです。頭に「978-4-309」を付け、お近くの書店にてご注文下さい。